OS SETE SABERES NECESSÁRIOS À EDUCAÇÃO SOBRE AS MUDANÇAS CLIMÁTICAS

Dados Internacionais de Catalogação na Publicação (CIP)
(Câmara Brasileira do Livro, SP, Brasil)

Pena-Vega, Alfredo
    Os sete saberes necessários à educação sobre as mudanças climáticas / Alfredo Pena-Vega ; tradução Marcelo Mori. – São Paulo, SP : Cortez Editora, 2023.

    Título original: Les sept savoirs nécessaires à l'éducation au changement climatique.
    Bibliografia.
    ISBN 978-65-5555-386-4

    1. Educação ambiental 2. Meio ambiente 3. Mudanças climáticas I. Título.

23-154462   CDD-304.25

Índices para catálogo sistemático:

1. Mudanças climáticas : Efeitos sociais 304.25

Tábata Alves da Silva - Bibliotecária - CRB-8/9253

Alfredo Pena-Vega

OS SETE SABERES NECESSÁRIOS À EDUCAÇÃO SOBRE AS MUDANÇAS CLIMÁTICAS

Prefácio de
Maria Fernanda Espinosa e de Hervé Le Treut

Tradução
Marcelo Mori

São Paulo – SP

———

2023

OS SETE SABERES NECESSÁRIOS À EDUCAÇÃO
SOBRE AS MUDANÇAS CLIMÁTICAS
Alfredo Pena-Vega

Tradução: Marcelo Mori
Direção Editorial: Miriam Cortez
Coordenação editorial: Danilo A. Q. Morales
Assistente editorial: Gabriela Orlando Zeppone
Revisão técnica: Izabel Petraglia
Preparação de originais: Alessandra Biral
Revisão: Elimar Pinheiro
      Gabriel Maretti
      Ana Paula Luccisano
      Tatiana Tanaka
Diagramação: Linea Editora
Capa: de Sign Arte Visual

Título original: Les Sept Savoirs nécessaires à l'éducation au changement climatique:
      Comment les jeunes s'engagent pour l'urgence climatique
      Poitiers: Atlantique, 2020.

Direitos para esta edição
CORTEZ EDITORA
R. Monte Alegre, 1074 – Perdizes
05014-001 – São Paulo-SP
Tel.: +55 11 3864 0111
editorial@cortezeditora.com.br
www.cortezeditora.com.br

Impresso no Brasil – maio de 2023

Para minha mãe adotiva... Daisy

"A morte é tudo, menos o esquecimento." Toni Morrison

"O planeta avança sob a sombra da morte. As espadas de Dâmocles nucleares [climáticas] se multiplicam. A potencialidade de autoaniquilação, local ou geral, acompanha agora o andar da humanidade" (Edgar Morin).
L'Humanité de l'humanité: L'identité humaine. Paris: Le Seuil, 2001. t. 5. (La Méthode).

"Sob os auspícios do aquecimento climático, a atmosfera tornou-se uma longa doença nosocomial cujos sintomas não param de evoluir segundo a vontade dos conhecimentos" (Paul Virilio).
Le grand accélérateur. Paris: Éditions Galilée, 2010.

"Nosso dever enigmático, senão impossível: pensar e experimentar o mundo. Estamos caminhando, sem saber nem em que direção, nem por que caminhamos" (Kostas Axelos).
Métamorphoses. Paris: Les Éditions de Minuit, 1991.

"Seja curioso. Em quaisquer circunstâncias, sempre há algo a fazer e a conquistar. Nunca desista. Confie em sua imaginação. Faça o futuro acontecer" (Stephen Hawking).
Brief answers to the big questions. Londres: Hodder & Stoughton, 2018.

AGRADECIMENTOS

A motivação para escrever este ensaio veio de um sentimento de uma missão impossível. Quando lancei a ideia de um projeto de dimensão mundial sobre as percepções dos jovens sobre os efeitos das mudanças climáticas, muitos acharam a ideia sedutora, mas incomensurável do ponto de vista de sua viabilidade. Foi graças a um contexto favorável, a realização da COP21 na França em 2015, e, sobretudo, a uma recepção entusiasta de um bom número de meus colegas, que pude desenvolver essa experiência. No começo, em uma dezena de países, hoje, essa travessia inclui mais de trinta países. Como todo viajante, devo muito a inúmeras pessoas que me guiaram, assistiram, encorajaram e, às vezes, me arrastaram para essa viagem. Essa aventura começou em 2014, na véspera da COP21 de Paris. Associei vários colegas do meu centro de pesquisas nessa primeira travessia: Instituto Interdisciplinar de Antropologia do Contemporâneo, Centro Edgar Morin (EHESS-CNRS), a quem agradeço sinceramente. Vários professores na França e no exterior foram mobilizados, e sem seu apoio incondicional esse projeto teria sido abortado.

Desde o início, esse projeto foi apoiado por inúmeras instituições acadêmicas e governamentais cuja lista é longa demais para poder mencionar sua integralidade. Tive altos e baixos e, sobretudo, grandes tormentos e grandes alegrias de ver que esse projeto tinha um sentido para os jovens das regiões mais afastadas e de culturas bem diferentes. Eu me senti conectado a uma consciência planetária, animado por uma visão de engajamento a favor de uma nova aliança.

A viagem tomou um caminho inesperado em 2017 quando a Convenção-Quadro das Nações Unidas sobre a Mudança do Clima decidiu publicar os resultados de nossas experiências em seu portal: "Exemplos brilhantes das ações dos jovens para a luta contra as mudanças climáticas". Acho que essa oportunidade foi o impulso significativo no desenvolvimento desse projeto durante estes últimos anos. Esse trabalho foi motivado e aperfeiçoado por discussões constantes sobre a necessidade de um conhecimento do clima que refletisse a complexidade do real e a existência de uma dimensão humana. Foi com a cumplicidade intelectual e amistosa de Luis M. Flores, filósofo, e Pablo Marquet, biólogo (PUC-Chile), que demos sentido a esse percurso. Cristina Girardi, membro da comissão de educação, e Guido Girardi, presidente da comissão do futuro do senado, foram os primeiros a defender com firmeza a importância dessa experiência para seu país, o Chile, onde o projeto encontrou um apoio institucional infalível por parte da presidente da república do Chile, Michelle Bachelet. Gostaria também de agradecer, em particular, ao reitor da Pontifícia Universidade Católica do Chile, Ignacio Sanchez, por seu apoio incondicional desde a implementação desse projeto.

Tive a sorte de ter sido regularmente convidado a visitar diversos países onde encontrei inúmeros(as) amigos(as) e colegas que, durante estes últimos cinco anos, ouviram pacientemente e leram com espírito crítico minhas tentativas de pensar claramente a condição humana sobre as mudanças climáticas. Entre eles estão Werner Wintersteiner, Wilfried Graf (Áustria), Izabel Petraglia, Cristovam Buarque, Elimar Pinheiro do Nascimento (Brasil), Marcelo Lagos (Chile), Josimo Constant do povo autóctone puyanawa na Amazônia, Maciej Nowak (Polônia), os jovens pigmeus da República Democrática do Congo, os jovens da ilha Rapa Nui, os jovens da ilha de Kiribati, Fernanda Faya (Estados Unidos, por sua criatividade). Peço desculpas para quem esqueci de citar, mas a lista é longa demais.

Um grande agradecimento a Maria Fernanda Espinosa, ex-presidente da Assembleia Geral das Nações Unidas, por ter, desde que lhe falei sobre este ensaio, aceitado escrever um prefácio esclarecedor.

Faço igualmente questão de enviar a Hervé Le Treut todo meu reconhecimento por seus conselhos e, sobretudo, minha profunda gratidão por suas páginas muito instrutivas que estão em total consonância com as ideias desenvolvidas neste ensaio.

Aos meus amigos que me acompanharam nessa aventura intelectual, entre eles Didier Moreau, do Espaço Mendès France, por seus encorajamentos contínuos e que mostrou um entusiasmo imediato quando lhe ofereci a publicação deste livro; e Michel Brunet, paleontologista no Collège de France, com quem eu compartilhei a ideia segundo a qual o antídoto perante um mundo que caminha diretamente para o abismo é a educação das jovens gerações. Um grande obrigado a Béatrice Musseau por seus comentários e seus conselhos. As palavras não bastam para exprimir meus agradecimentos a Marianne, que, com uma paciência infinita, me ajudou a melhor organizar minhas ideias graças aos comentários sobre os capítulos.

Enfim, sinto uma cumplicidade que vai além das palavras com quem me abriu o universo do pensamento complexo, Edgar Morin. Sou muito grato por ter contribuído com suas ideias em minha transformação intelectual ao longo dos anos quando fui mais que um fiel colaborador. Baseando-me em suas ideias para a redação deste ensaio e, mais particularmente, na obra: *Os sete saberes necessários à educação do futuro*, espero não ter traído o essencial...

As ideias deste texto são, obviamente, de responsabilidade apenas de seu autor.

La Turbie, agosto de 2020.

SUMÁRIO

PREFÁCIOS

Nós estamos em uma encruzilhada. Talvez a única válida. Somos a última geração que tem o privilégio de *escolher* seu caminho, de escolher e de ter a audácia de agir para resolver a crise climática. As mudanças, que devem ser implementadas em nossa sociedade, em nossa economia e em nosso modo de vida para assegurar a sobrevivência de nossa espécie, são colossais. Mas não são impossíveis.

Greta Thunberg, a ativista ambiental sueca de dezesseis anos que inspirou as greves escolares pelo clima, disse isso com bastante clareza e simplicidade. Declarou que: "Não podemos resolver uma crise sem tratá-la como uma crise [...] se as soluções são tão difíceis de serem encontradas no âmago do sistema [...] devemos mudar o próprio sistema". Imbuídos da convicção inabalável de que o poder pertence ao povo, milhões de estudantes do mundo inteiro foram às ruas para exigir que seu futuro não fosse roubado.

Ao mesmo tempo, os Pequenos Estados Insulares em Desenvolvimento (PEID), os primeiros a sofrer os efeitos das mudanças climáticas, posicionaram-se no palco político para inspirar uma ação coletiva e forte. De forma lenta, mas certamente, seus apelos a uma ação urgente não caíram no esquecimento.

Na Conferência das Partes CQNUMC COP23 (Convenção--Quadro das Nações Unidas sobre a Mudança do Clima), dezenas de Estados reuniram-se para formar a Coalizão de Alta Ambição e para garantir um futuro com apenas 1,5 °C de aquecimento em relação aos níveis pré-industriais. Um objetivo que, durante os anos anteriores, pareceria impossível como opção de discussão e ainda menos viável politicamente.

Essas mudanças de comportamentos, de crenças e de convicções em relação aos Estados e a cada setor da sociedade não aconteceram por acaso. Não podemos nos eximir dos fatores que conduziram a essas mudanças, porque é sobre esses fundamentos dessa nova sociedade que a ação climática, da qual precisamos imperiosamente, vai se tornar possível. Como já disse Paulo Freire, "lavar as mãos entre o conflito dos poderosos e os impotentes significa ficar do lado dos poderosos, não ser neutro".

Os sete saberes necessários à educação sobre as mudanças climáticas busca explorar algumas dessas questões. Como podemos inspirar, ensinar e criar as mudanças sociais necessárias para lutar contra as mudanças climáticas? Como podemos resolver o mal-estar criado pela incerteza? Como devemos compreender os impactos das mudanças climáticas que não apenas nos afetam em grande escala, mas também povos tão diferentes e tão distantes de nós?

Hoje, a ONU e seus Estados-membros estão se preparando para ir além das ambições e dos objetivos, para começar a agir e para implementar o Acordo de Paris. A compreensão e o apoio dos povos afetados pelas mudanças políticas nunca foram tão importantes.

Se nada for feito, acabaremos por tornar as reformas ligadas às mudanças climáticas impraticáveis, o que enfraqueceu nossa tomada de decisão — ou que pôde explicar sua ausência — nos anos 1990 e no começo dos anos 2000. Como Greta disse tão bem, não temos tempo a perder. Simultaneamente, não devemos perder de vista a conscientização da crise climática e mandar esse novo discurso de volta às estantes empoeiradas com as revistas e publicações científicas.

Os sete saberes necessários à educação sobre as mudanças climáticas preenche essa lacuna com firmeza, levando o leitor pelo caminho da pesquisa por meio dos diferentes contextos ecológicos, geológicos, antropológicos e políticos.

Espero que esta publicação constitua um ponto de partida para a reflexão do que é necessário para a criação de uma consciência global do clima. Devemos nos manter do lado bom da história e criar uma geração de cidadãos pronta às mudanças necessárias para as gerações presentes e futuras.

Maria Fernanda Espinosa
Ex-presidente da Assembleia Geral das Nações Unidas

Diante da realidade cada vez maior da urgência climática, de que muitos estão agora tomando consciência, o papel da formação, ou da educação, é com muita frequência relegado à categoria das boas ideias que chegam tarde demais. Ao mesmo tempo, a concepção dessa educação é frequentemente limitada a um aprendizado diretamente útil, a dos "bons" gestos, que são efetivamente muito importantes e até mesmo necessários, logo, não os questionamos: são lógicos e não fazem parte de nenhum debate real. São esforços que cada um deve realizar da melhor maneira possível.

O livro de Alfredo Pena-Vega apresenta uma definição muito mais ampla da educação, aberta à multiplicidade dos futuros possíveis, à antecipação de riscos que são, ao mesmo tempo, inevitáveis e impossíveis de serem especificados de maneira global e, logo, *in fine*, à necessidade de se fazer as escolhas que serão difíceis de serem arbitradas. Passar do diagnóstico sobre as mudanças climáticas para formas de ação real solicita obrigatoriamente a autonomia de reflexão e de decisão de cada um. Nesse sentido, a educação sobre os desafios ambientais deve constituir um elemento da formação cívica. Ela deve permitir que as novas gerações se posicionem diante das novas situações, sejam capazes de inovar e de construir, mas também que não cedam às falsas verdades, às ilusões fáceis e a tudo o que for eticamente inaceitável.

Retrospectivamente, um pouco pelo mundo inteiro, o aprendizado dos problemas ambientais sofreu um atraso; além de isso ser muito prejudicial, não é possível recuperar a totalidade do tempo perdido. Mas isso não deve nos desencorajar. Pelo contrário, as necessidades da educação aumentam de maneira rápida e impõem uma nova visão e novas reflexões.

Essa é a resposta a uma situação climática que evolui constantemente: produzimos e continuamos a produzir quantias colossais dos gases do efeito estufa na atmosfera. Se levarmos em conta apenas as emissões de CO_2 causadas pelo uso dos combustíveis fósseis, houve um aumento de um fator 2 delas desde a ECO-92 no Rio de Janeiro. Esse CO_2 permanece na atmosfera durante muito tempo: apenas a metade dele desaparece em 100 anos e a acumulação das emissões na atmosfera continua a aumentar de tal maneira que ainda hoje é amplamente irreversível. Consequentemente, é impossível descrever os desafios climáticos com as mesmas palavras e os mesmos conceitos de trinta anos atrás, porque o campo das possibilidades diminuiu. Para nos mantermos abaixo do limite de 1,5 °C de aquecimento em relação ao período pré-industrial, o último relatório do Painel Intergovernamental sobre Mudanças Climáticas (IPCC) indica que deveremos atingir a neutralidade de carbono até aproximadamente 2050: ou seja, temos menos de trinta anos para realizar uma revolução mundial que mudaria tudo, seja nos campos da conservação da biodiversidade, seja nos setores das transições políticas e sociais — correndo o risco de deixar que as inúmeras injustiças climáticas, que as guerras pela água e pela alimentação e que a desertificação de alguns territórios aumentem.

Apenas as recomendações das comunidades científicas, seja a dos físicos, dos geógrafos, dos biólogos, dos ecólogos, dos sociólogos, dos economistas ou dos politólogos, não bastam hoje para a determinação de políticas aceitas por todos. É o conjunto dessas considerações que devem ser levadas juntas (a palavra cobenefícios é usada com frequência) para podermos enfrentar duas séries de desafios que devem se desdobrar na escala mundial como a dos territórios: a diminuição drástica do papel dos gases do efeito estufa que representam hoje 80% da energia que produzimos e, ao mesmo tempo, a proteção das populações e dos ecossistemas contra as inevitáveis mudanças futuras.

Diante disso, o papel da opinião pública parece indispensável: apenas ela pode servir de alavanca para se passar do diagnóstico à ação que implica transições tão rápidas, complexas e importantes. Desde há alguns anos, os jovens e os estudantes do Ensino Médio começaram a se manifestar em vários países para indicar sua vontade de participar nesse movimento. Suas reivindicações mostram, com frequência, o temor, talvez a ira, diante de uma situação que eles terão de aprender a administrar de maneira coletiva. Mas elas também ressoam, com muita frequência, como uma busca de sentido: o que fazer em um mundo onde as injustiças aumentam, onde as margens de manobra são poucas, onde muitos preveem um colapso geral de nossa civilização?

Propor uma educação estruturada que permita enfrentar esses desafios de maneira responsável corresponde à própria proposta da obra de Alfredo Pena-Vega. Obviamente, ela deve ser aplicada em diferentes faixas etárias, mas, em todos os casos, deve ser uma educação da confiança, a que vai permitir a vitória sobre os desafios futuros. Espero que este livro, que traz a marca de uma reflexão profunda e necessária sobre temas essenciais, encontre toda a ressonância que merece.

Hervé Le Treut
Professor, Sorbonne Université e Escola Politécnica
Membro da Academia de Ciências da França

APRESENTAÇÃO

A dimensão geracional das mudanças climáticas

As mudanças climáticas são um dos maiores desafios enfrentados pelo mundo de hoje e continuarão a ser pelas futuras gerações. Essa é a razão pela qual uma atenção particular deve ser dada aos adolescentes, que são a geração cuja vida será a mais afetada pelo aquecimento global (KUTHE *et al.*, 2019). É exatamente isso que nos traz aqui para explicar, a partir das ações e das crenças, o sentido que as jovens gerações estão dando aos eventos climáticos.

Segundo Maddox *et al.* (2011, p. 2.592), quando admitimos que a educação dos jovens é, com frequência, considerada como um elemento da

> solução aos problemas ambientais atuais que exigem uma atenção urgente, esquecemos, com frequência, que seus pais e os outros membros da família também podem ser educados e/ou influenciados por meio de atividades educativas.

Algumas pesquisas destacam a influência das gerações mais velhas sobre os conhecimentos transmitidos (DAVIS-KEAN, 2005), outras insistem na importância a ser concedida às jovens gerações como futuros decisores (OJALA; BENGTSSON, 2018; OJALA; LAKEW, 2017). Esses estudos coincidem em um ponto: a necessidade de oferecer aos jovens os meios para a análise dos eventos das mudanças climáticas. Isso passa pela melhoria dos conhecimentos e por uma maior abertura à criatividade, em particular quanto aos conceitos sobre os quais nossa compreensão de um mundo caracterizado pelos desajustes climáticos deve ser fundamentada. A ideia é poder mostrar os fatores que determinam e descrevem o engajamento dos jovens e identificar os elementos essenciais para a compreensão do evento climático.

Além disso, os jovens reconhecem a importância do conhecimento científico e confiam nos cientistas e na ciência para a compreensão dos eventos climáticos. É por essa razão que a educação para a compreensão é primordial, qualquer que seja o nível educacional ou faixa etária.

Apesar de as palavras relativas para as mudanças climáticas poderem assumir um sentido antirreflexivo na linguagem dos adultos, elas podem assumir uma importância significativa para os jovens para caracterizar sua visão global em uma perspectiva do futuro. Bem mais que os adultos, os jovens têm a tendência a adotar um pensamento reflexivo que facilita seu julgamento quando se trata de suas percepções sobre temas controversos (GIOFFORD, 2011; KOLLMUSS; AGYEMAN, 2002).

Em outros termos, os adolescentes são provavelmente um meio de informação sobre as mudanças climáticas mais confiável e "ideologicamente" mais neutro que outras fontes normalmente utilizadas.

Podemos citar o exemplo da educação sexual, segundo Morawska *et al.* (2015, p. 43):

> Os pais declararam se sentirem incomodados para falar sobre a sexualidade de maneira geral, mas estavam mais dispostos a falar sobre esse tema com seus filhos do que com outros adultos de seu círculo mais próximo, independentemente de quem lançava o tema.

Isso sugere que o laço entre pais e filhos facilita a discussão em torno de temas desconfortáveis.

Pesquisas empíricas revelam abordagens intergeracionais bem-sucedidas entre crianças e adultos em vários campos: aquisição de comportamentos educativos para evitar o desperdício (MADDOX *et al.*, 2011), de atitudes diante das inundações (WILLIAMS *et al.*, 2017), de comportamentos ecoenergéticos (BOUDET *et al.*, 2016) e de conhecimentos gerais sobre a conservação do meio ambiente (LEEMING *et al.*, 1997). Então, a transmissão intergeracional da criança ao adulto é possível e constitui um meio considerável de mudança da percepção do meio ambiente implicando as gerações mais jovens e mais velhas. Mas, quaisquer que sejam as atitudes entre as gerações para promover comportamentos conscientes ligados ao meio ambiente ou às mudanças climáticas, o papel do cientista é fundamental como "mediador". De fato, não se trata apenas de "difundir" uma informação descontextualizada, sem se questionar sobre a necessidade da construção do conhecimento a partir de pensamento crítico utilizando as palavras exatas e propondo uma abordagem dialógica aberta. (Assim, por meio dos grupos de discussão entre cientistas, alunos, pais e professores, os estudantes podem dialogar livremente sobre vários temas.) É nesse sentido que "o conhecimento dos problemas fundamentais e globais precisa unir os conhecimentos separados, divididos, compartimentados e dispersos, porque nossa formação educacional nos ensina a separar os conhecimentos, não a uni-los" (MORIN, 2017a, p. 18). Em relação aos problemas ligados às mudanças climáticas, precisamos de um conhecimento que saiba unir, ao mesmo tempo, os problemas fundamentais e globais da biosfera. No início do século XXI, esses assuntos podem parecer muito triviais, mas, no entanto, não são. Estamos diante do mesmo dilema, uma dificuldade para eliminar as barreiras entre os saberes. A abordagem proposta por Morin há décadas é subutilizada, subestimada e, por que não dizer, voluntariamente ignorada, inclusive proibida.

Segundo Lawson *et al.* (2018, p. 205), cinco princípios-chave deveriam guiar o aprendizado intergeracional da ação pelo clima para os adolescentes:

1. esforços para a educação direcionada para os problemas locais (BALLANTYNE *et al.*, 2001; SUTHERLAND; HAM, 1992);

2. aulas mais longas e aprofundadas (de preferência com maior frequência e com duração de algumas semanas ou mais);

3. projetos práticos;

4. professores entusiastas, que encorajam a participação dos pais (PERCY-SMITH; BRUNS, 2013);

5. o aprendizado intergeracional de uma criança a outra.

Entretanto, o aprendizado da ação pelo clima também é o de um conhecimento capaz de perceber os problemas e sua dimensão global e fundamental, para incorporar nele os conhecimentos parciais e locais. Esse processo é capital para dar sentido às aprendizagens em torno das mudanças climáticas, no sentido de uma pertinência, não como qualidade ou quantidade, mas como maior significado dos eventos. Consideramos como pertinência situações microssociais em que são colocados, presencialmente e de maneira explícita, temas ligados entre si (clima, ecologia, social, cultural, ética, entre outros) de modo interativo, trocando intencionalmente os significados, eles próprios ricos em sentidos.

Previamente ao que vem a seguir, podemos compreender, a partir dessa primeira abordagem, que a noção de pertinência pertence ao registro de uma antropologia do conhecimento e não, como alguns afirmam, à ciência cognitiva. Visto que o clima é tomado aqui no sentido bem geral dos sistemas, o debate gira em torno da pertinência de uma educação sobre o clima em um contexto social multidimensional. Os princípios de um conhecimento pertinente podem ser concebidos a partir da utilização de contextos locais na educação sobre as mudanças climáticas e "podem se mostrar, particularmente, úteis para encorajar um aprendizado intergeracional (Inter Generational Learning), até mesmo entre os pais céticos" (LAWSON *et al.*, 2018, p. 206).

Apesar de esses resultados sugerirem que um grande volume de práticas pode contribuir para o aprendizado intergeracional (Inter

Learning) de pais a filhos nos projetos sobre as mudanças climáticas, estudos experimentais são, entretanto, necessários para uma melhor avaliação de seus impactos. As pesquisas sobre as percepções das mudanças climáticas no meio familiar indicam que os pais e seus filhos compartilham as mesmas percepções sobre as mudanças climáticas (LEPPÄNEN *et al.*, 2012), sugerindo assim a possibilidade de um aprendizado intergeracional. Os estudantes adolescentes que veem os membros de sua família como preocupados com as mudanças climáticas de origem antrópica e que discutem sobre isso em família poderiam se preocupar, por sua vez (STEVENSON; PETERSON; BRADSHAW, 2016), em adotar comportamentos para atenuar as mudanças climáticas (VALDEZ; PETERSON; STEVENSON, 2018; LAWSON *et al.*, 2018).

É evidente que a conscientização da questão intergeracional na ação pelo clima e, em particular, a implicação direta dos jovens adolescentes representam um campo de pesquisa que está emergindo rapidamente (BUSCH; ROMÁN, 2017; HENDERSON; BIELER; MCKENZIE, 2011; OJALA; BERGTSSON, 2018; SHEA; MOUZA; DREWES, 2016) com muitos projetos que focalizam as estratégias de sensibilização que unem pessoas de várias gerações: crianças, jovens adolescentes, jovens, cientistas, professores, entre outros.

Uma abordagem mais centrada na dimensão geracional permitiria compreender melhor, por exemplo,

> a sensação que uma mudança de comportamento tem um impacto positivo no grau das mudanças climáticas (KOLLMUSS; AGYEMAN, 2022) ou no sentido das responsabilidades (ERNST; BLOOD; BEERY, 2017) (KUTHE *et al.*, 2019, p. 173).

Apesar de os jovens não serem vistos como uma população "intergeracional" visível, eles se engajam para implementar as soluções que têm um impacto político importante. Quando eu estava preparando este texto, havia aproximadamente trinta adolescentes entre quinze e dezoito anos, originários de vários continentes, que estavam expondo projetos de ação na Conferência Mundial sobre as Mudanças Climáticas em Katowice, na Polônia. Isso mostra que os jovens desejam e são capazes de ter um papel ativo na luta contra as mudanças climáticas, e estão prontos para transformar a sociedade, evitando os impactos desastrosos das mudanças climáticas[1].

As reflexões oferecidas podem ajudar a salientar os fundamentos de um pensamento crítico e, ao mesmo tempo, a delimitar uma educação criativa sobre as mudanças climáticas, complementares em um ponto crucial: levar em consideração novos princípios explicativos dos desafios do aquecimento global.

O que é pensar o clima para um jovem adolescente?

Será que seus pensamentos são o resultado da aquisição de conhecimentos? Será que seus conhecimentos se misturam com a aptidão em enfrentar, em ultrapassar novas situações e em inovar de maneira apropriada (a inteligência criativa)? Vamos mostrar neste texto como os novos conhecimentos sobre os eventos ligados ao aquecimento global favoreçem o despertar da consciência dos jovens. Esse despertar da consciência incita os jovens a experimentar a passagem entre os saberes adquiridos, a consciência e as ações, ou seja, a modelar de maneira inteligente as percepções sobre os efeitos das mudanças climáticas, de modo a agir em circunstâncias e lugares particulares.

Este estudo levanta algumas questões interessantes sobre o futuro de uma educação sobre as mudanças climáticas; ele contradiz algumas ideias preconcebidas, em particular a dos determinantes de pertencimento socioculturais em relação à conscientização dos jovens sobre o aquecimento global (MICHELSEN *et al.*, 2015).

---

1. Os resultados estão expostos no Epílogo.

PREÂMBULO

Este texto se fundamenta nos sete saberes "fundamentais" propostos por Morin na obra *Os sete saberes necessários à educação do futuro* (2000), aplicando-os na educação sobre as mudanças climáticas. Este guia de leitura é acompanhado por referências bibliográficas para aprofundar certo número de noções originárias de diferentes campos científicos acerca do "pensamento climático" (Ciências do Sistema do Clima) ou aplicáveis a ele (Biologia, Ecologia, Ciências Humanas e Sociais de maneira geral). Ao mesmo tempo, permanecendo centradas na problemática climática, essas referências sugerem algumas etapas para a inteligência criativa de uma educação em crise. Enfim, nossa contribuição não se limita apenas ao aspecto teórico; essas referências enriquecem o processo participativo do Global Youth Climate Pact (GYCP 2014), associando os adolescentes aos cientistas de todas as disciplinas (biólogos, climatologistas, geólogos, filósofos, geógrafos). Consideramos esses jovens como "atores ativos" e não como uma simples categoria vulnerável diante das mudanças climáticas. Entretanto, o que nos interessa é compreender como acontece essa passagem de "vítimas" a atores potencialmente ativos, conscientes de uma transformação necessária para a proteção e gestão a longo prazo da "terra-mãe". Esse objetivo é possível, mas é sujeito a uma grande "conjunção dos conhecimentos" (MORIN, 2000); os provenientes das Ciências Naturais para situar a condição humana no mundo, os provenientes das Ciências Humanas e Sociais para esclarecer as multidimensionalidades e complexidades humanas, além da contribuição inestimável das ciências do clima. Com o apoio e o acompanhamento dos cientistas, eles podem passar do estatuto de "vulneráveis" às mudanças climáticas ao de atores ativos.

Federico Mayor, ex-diretor-geral da Unesco, escreveu como preâmbulo da primeira versão da obra de Morin, *Os sete saberes necessários à educação do futuro*: "Quando olhamos em direção do futuro, existem inúmeras incertezas sobre como será o mundo de nossos filhos, de nossos netos e de nossos bisnetos" (UNESCO, 1999). Poderíamos inverter essa frase e dizer isso de outra maneira: quando observamos o presente, existem inúmeras incertezas de como será o mundo de nossas gerações futuras. Sabemos poucas coisas sobre nosso presente, mas podemos ter certeza de uma coisa: levando em consideração o estado de nossos conhecimentos hoje, se os dirigentes atuais não fizerem nada, urgentemente, contra as emissões dos gases do efeito estufa, o aquecimento global causará mudanças profundas em nosso planeta e em nosso modo de vida — não apenas neste século, mas bem além dele. De fato, o mundo de amanhã não terá nada a ver com o que conhecemos hoje.

Finalmente, este texto parte de uma constatação recorrente que se acentuou depois da COP21 (PARIS, 2015) e foi confirmada pela mais recente COP25 (MADRID, 2019), a de uma defasagem, para não dizer, a de uma hipocrisia dos decisores políticos que preconizam uma educação sobre os desafios das mudanças climáticas e sua impotência, talvez, sua indiferença, para realizar uma mudança real em termos de ambição de fato educativa.

Este texto é modular, constituído de sete capítulos e um epílogo, e pode ser lido em partes, pulando-se de um capítulo a outro que não seja necessariamente na ordem disposta.

INTRODUÇÃO

No verão austral de 2019-2020, presenciamos cenas aterrorizantes oriundas da Austrália: milhares de pessoas fugindo de suas casas, céu marrom, tempestade de brasas, milhões de animais e pássaros mortos, centenas de sítios culturais e espirituais indígenas danificados ou destruídos pelos incêndios das florestas e savanas (*The New York Times*, 26 de janeiro de 2020). A mesma coisa aconteceu no Hemisfério Norte no verão de 2018, onde, dessa vez, a Europa inteira sofreu o efeito de temperaturas caniculares. "A Europa está queimando!!!" era a manchete de um jornal europeu de 27 de julho de 2018, referindo-se aos incêndios que destruíam uma parte importante do norte da Europa (Suécia, Noruega) e do sul da Europa, quando a máquina devastadora começou a atacar: "Logo será tarde demais", era a manchete do jornal *Le Monde* em novembro de 2017. Diante desses eventos, não há muito espaço para controvérsia com os protagonistas negacionistas no debate sobre as mudanças climáticas.

Entretanto, ainda há um número importante de céticos quanto ao papel da atividade humana nos processos atuais do aquecimento global. Eles ressaltam que as anomalias climáticas oriundas de causas naturais são uma constante na história mundial. Afirmam que a situação atual é a mesma. Outros céticos admitem que as mudanças climáticas estão acontecendo e que são provocadas pelos seres humanos, mas afirmam que a ameaça que isso representa é exagerada. No entanto, a frequência e a intensidade dos eventos climáticos de temperaturas muito altas (como as que já presenciamos na Europa) vão aumentar no futuro, à medida que a temperatura mundial aumentar (previsão com alto nível de probabilidade). A frequência e a intensidade dos eventos de precipitações extremas (como as que aconteceram nos Estados Unidos, no sudeste asiático, nas Filipinas e na França) vão provavelmente continuar a aumentar na maior parte do mundo (WUEBBLES *et al.*, 2017).

Apesar de uma quantia imensa de conhecimentos, ainda existe um segmento importante da sociedade que deve ser convencido de que esse negacionismo continua latente, em particular os jovens adolescentes que, em razão de um conhecimento insuficiente, podem ser presas fáceis de informações falsas. Duve (1996, p. 451) disse:

> A humanidade enfrenta um monstro multicéfalo que ela mesma criou: desmatamento, perda da biodiversidade, exaustão dos recursos naturais [...]. Combater cada cabeça separadamente é ineficaz. Combater todas ao mesmo tempo corre o risco de ser uma tarefa demasiadamente hercúlea.

Os negacionistas são esse monstro multicéfalo. Em termos de conhecimento, a realidade das mudanças climáticas começa a ter um gosto amargo. As condições meteorológicas extremas não são uma previsão, elas constituem a realidade de hoje. Medidas de urgência devem ser tomadas para evitar que a situação não se agrave. Mas, diante da apatia, a questão que poderíamos levantar é: como inverter essa tendência, quando os relatórios científicos sucedem-se e convergem afirmando que o clima mundial continua a mudar rapidamente nosso sistema Terra de maneira irreversível?

Conforme Wuebbles *et al.* (2017, p. 35),

> As tendências da temperatura média mundial, da elevação do nível do mar, do aquecimento dos oceanos, do derretimento das geleiras e dos bancos de gelo árticos, da profundidade do derretimento sazonal do *permafrost* e de outras variáveis climáticas fornecem provas coerentes do aquecimento do planeta.

Essas tendências observadas são robustas e foram confirmadas por inúmeros grupos de pesquisadores independentes no mundo.

É evidente que as mudanças climáticas constituem um dos fatores-chave do "grande" problema ecológico, mas não podem ser separadas dos "canteiros" das desigualdades econômicas, da injustiça social, ambiental e, até mesmo, em certos países, "da injustiça racial" (o que o Green New Deal preconiza, apoiado pelo Partido Democrata por meio de Alexandria Ocasio-Cortez). Todos esses temas formam um "todo", indivisível. Então, devemos mudar nosso meio de apreender o sistema produtivo e nossa lógica econômica por uma visão que privilegie a qualidade de vida e a durabilidade, em lugar de uma corrida excessiva pelo crescimento e pelo consumismo. Desse modo, devemos considerar um objetivo comum que leve em consideração o bem-estar humano, a redução das desigualdades, o acesso a um trabalho decente, a paz e a justiça social e a inclusão da justiça climática, visto que não vivemos sozinhos neste planeta e ainda viveremos juntos durante muito tempo.

Nesse contexto, os jovens estudantes, mais que os outros, sentem-se diretamente interpelados pelo que deverão sofrer no futuro próximo e longínquo devido aos efeitos do aquecimento climático. É, principalmente, por essa razão que eles não querem ser excluídos das discussões e das ações. É o que esses estudantes dizem quando os convidamos a refletir sobre os temas ligados às mudanças climáticas. A verdadeira tarefa que esses estudantes querem assumir consiste em demonstrar essa realidade a partir de sua própria experiência sentida e experimentada. Entretanto, segundo as ideias errôneas dos adultos, os jovens estão se sentindo pouco implicados e estão socialmente desengajados no que estamos atravessando, eles são insensíveis ao que os cientistas continuam a repetir sem parar: o excesso de dióxido de carbono, assim como de outros gases do efeito estufa, está provocando um aquecimento irreversível no clima terrestre. A partir dessa constatação, estamos indo de forma vagarosa, mas certamente, em direção a uma "ida sem volta", seguindo a um processo irreversível de destruição da natureza, de nosso meio ambiente e, por conseguinte, de nossa biosfera.

Apesar disso, o que os adultos pensam é apenas um estereótipo das percepções que os jovens do Ensino Médio têm sobre as mudanças climáticas. Os primeiros resultados de uma pesquisa-ação que estamos fazendo atualmente sobre as percepções dos jovens e as mudanças climáticas mostram exatamente o contrário: os estudantes querem compreender e agir desde agora e fazer propostas concretas. À medida que eles conseguem adquirir saberes, os jovens se consideram atores ativos em relação a uma realidade que, a partir desse momento, está os afetando e faz com que se questionem profundamente em relação a suas visões do futuro. Em debates colaborativos, os jovens discutem e respondem a questões como: "O que você acha das mudanças climáticas? São importantes para você e sua família/seus amigos? Você se sente preocupado(a)?" 42% deles se consideram muito preocupados, 47% preocupados, 8% pouco ou nada preocupados (GYCP, 2014).

Apesar de uma parte importante deles se sentir diretamente preocupada, é necessário que, em termos de construção de conhecimentos, o meio de apreender a questão climática possa ser apreciado de uma maneira bem diferente. Eles se questionam sobre a compreensão de um conhecimento capaz de entender os problemas globais e fundamentais para inscrever os conhecimentos parciais e locais neles. No espírito dos jovens, os desastres ecológicos resultantes dos efeitos das mudanças climáticas são percebidos como ligados aos eventos excepcionais e, em certos casos, realmente experimentados. No entanto, não há unanimidade quanto ao meio de enfrentar as incertezas em tal situação. A princípio, não há conscientização crítica das razões de tais eventos, as transformações são compreendidas como estando ligadas a um processo implacável e irremediável que eles deverão sofrer no cotidiano das próprias vidas. Mais do que ceticismo, trata-se de uma crítica à descontextualização, talvez à fragmentação do saber, para abordar as complexidades dos fundamentos do desajuste climático. Admitindo que esse seja um ceticismo legítimo, certamente não se trata nem de uma questão de desinteresse, nem de uma desconexão propriamente dita perante os problemas do aquecimento, ou, talvez, de polarização em relação às mudanças climáticas, como poderia ser o caso na sociedade americana (STEVENSON; PETERSON; BRADSHAW, 2016[2]). O problema é outro: os jovens do Ensino Médio consideram que os temas sobre as mudanças climáticas são abstratos demais e seus sentidos, às vezes, de difícil compreensão. Isso seria uma discussão para e entre adultos.

Entretanto, como afirma Hansen em sua entrevista ao jornal *The Guardian* em 6 de abril de 2012,

> a situação que criamos para os jovens e para as gerações futuras é que estamos lhes legando um sistema climático potencialmente fora do controle deles. Estamos em uma situação de emergência: podemos ver o que se esboça no horizonte durante as próximas décadas e seus efeitos sobre os ecossistemas, sobre o nível do mar e sobre a extinção das espécies.

Segundo Hansen, devemos nos questionar seriamente sobre o dever moral primordial perante nossos filhos e netos e tomar medidas imediatas. Descrevendo isso como uma questão de justiça intergeracional da mesma importância que a da escravidão, Hansen afirma: "Nossos pais não sabiam que eram um problema para as gerações futuras, mas não podemos fingir que não sabemos porque a ciência, agora límpida, progrediu demasiadamente". Em outros termos, estamos enfrentando uma questão moral e ética perante as jovens gerações, cujo "ensino deve contribuir, não apenas a uma conscientização ética de nossa era planetária, mas também permitir que essa consciência resulte em uma vontade de realizar a cidadania terrestre" (MORIN, 2000, p. 16).

Entendemos que os estudos sobre o clima que tratam da questão intergeracional — crianças e jovens adolescentes — constituem um caminho pouco estudado, mas promissor, para incitar as crianças, os

---

2. Cf. também *The New York Times*, 23 de março de 2018.

jovens e, igualmente, os adultos para a ação pelo clima. As crianças e os jovens adolescentes têm pontos de vista únicos sobre as mudanças climáticas, como veremos no decorrer deste texto. Eles representam um público criativo, facilmente acessível pelas escolas e estão, sem dúvida, mais dispostos a uma conscientização das mudanças climáticas, desde que recebam os conhecimentos necessários (LAWSON *et al.*, 2018).

Assim, entrevistando centenas de estudantes do Ensino Médio, trocando dúvidas e inquietudes com cientistas de diferentes disciplinas, o resultado é que a problemática climática exige um questionamento sobre o Saber; um saber diante de um número imenso de eventos incertos que visam à compreensão de um problema de uma grande complexidade, que são as mudanças climáticas e suas consequências. Da mesma maneira, o diálogo que caracteriza as reflexões sobre esse tema comporta a possibilidade de erro, ignorância e ilusão. Finalmente percebemos que há uma necessidade urgente de (re)visitar alguns conceitos essenciais da obra *Os sete saberes necessários à educação do futuro* e de adotá-los como um guia de leitura da compreensão das mudanças climáticas no campo da educação.

No fundo, este livro questiona a finalidade da educação. Essa finalidade é elaborar conhecimentos. Mas, por quê? Para aprender a viver, para ajudar a viver, ajudar cada um a enfrentar seu destino, seu destino pessoal e seu destino de ser social. Logo, essas questões são exatamente as primeiras que os desafios das mudanças climáticas nos levantam. Por conseguinte, quais são os problemas fundamentais que devem ser abordados pela educação quando se fala dos efeitos das mudanças climáticas? Constatamos que esses problemas fundamentais são ocultados, diluídos ou restritos apenas a uma especialidade.

Descobrimos que a biosfera está ameaçada, nós a degradamos com o desenvolvimento econômico e técnico e, por isso, corremos o risco de degradar nossa vida, nossa civilização... Se organizássemos melhor o conhecimento, poderíamos transmiti-lo de um melhor modo. Então, o verdadeiro problema é o modo de pensamento e, para ultrapassar as imensas rupturas que não param de aumentar, uma reforma das estruturas cognitivas do sistema de pensamento deve ser aplicada, fazendo que os saberes geofísicos, ecológicos, socioantropológicos, entre outros, dialoguem entre si. O que nos aproxima do guia de leitura dos "sete saberes" é a ideia segundo a qual o ensino não deve ter como objetivo apenas a acumulação de conhecimentos, mas também sua organização em função dos eixos de estratégia de ação.

Essa é a razão pela qual os modos convencionais de transmissão dos conhecimentos, fragmentados e compartimentados, não são mais válidos diante de uma complexificação climática, geológica, ecológica, biológica e antropológica que se repercutem em cadeia na totalidade de nosso espírito e de nossa consciência. Eles simplificam a principal dificuldade, ou seja, tomar consciência de que a prioridade não é mais ensinar conteúdos disciplinares separados (GIORDAN, 1999), mas se apoiar sobre os saberes disciplinares para introduzir aos alunos uma disponibilidade, uma abertura, uma curiosidade, uma participação e, inclusive, um esboço de consciência dos desafios sociais das mudanças climáticas. Persistir nos modos tradicionais seria um entrave ao diálogo dos conhecimentos, ao despertar de um conhecimento mais atraente, mais consciente e mais concentrado nas formas de agir (LATOUR, 2015). A cultura epistemológica atual não leva em consideração a profundidade da história da humanidade que estamos atravessando no momento das mudanças climáticas. É por isso que, no futuro, os eventos específicos dos efeitos dessas mudanças deveriam ser estudados por meio de vários saberes disciplinares simultâneos: físico, geológico, biológico, antropossocial, ambiental, econômico, político, entre outros. O modo como devemos organizar nossos conhecimentos é muito importante, ele nos desafia a suprimir os obstáculos de um conhecimento fragmentado, monodisciplinar. Em resumo, o desafio mais importante a ser combatido nessa era do desajuste climático talvez seja encontrar a boa combinação entre um pensamento do "senso comum" (MOSCOVICI, 2002) e nosso "destino comum".

É por isso que os saberes sobre as mudanças climáticas devem ser (re)organizados de modo multidimensional, ou seja, ultrapassando as leituras disciplinares compartimentadas, e com o espírito aberto à abordagem inter e transdisciplinar.

Este ensaio responde a vários desafios. A problemática das mudanças climáticas entre o conhecimento e a realidade é um verdadeiro problema de fundo. Como já abordamos anteriormente, o conhecimento das mudanças climáticas tornou-se uma problemática; isso faz com que a própria realidade dos efeitos do aquecimento global torne-se uma problemática, quando levamos em consideração a dimensão humana. Pode parecer paradoxal que um processo de transmissão de conhecimento que tenha como objetivo a comunicação dos saberes esteja cego ao conhecimento humano e à identidade terrestre de uma compreensão das mudanças climáticas. Em resumo, os conhecimentos sobre as mudanças climáticas são conhecimentos sem a dimensão do humano.

Além disso, estamos convencidos de que a única alternativa que resta hoje é a de se focalizar prioritariamente na transmissão dos saberes direcionada aos jovens, apoiando-se na aquisição de conhecimentos nos diferentes campos do conhecimento das mudanças climáticas. Temos um diagnóstico que é extremamente preciso sobre as consequências em curto, médio e longo prazo. Hoje, sabemos que, se não "alfabetizarmos" as jovens gerações atuais, perderemos definitivamente o combate, porque é essa geração que vai ter o destino em suas mãos. Enfim, é ilusório continuar a acreditar que limitar o aquecimento a 1,5 °C ou 2 °C acima do nível pré-industrial bastará para enfrentar os eventos de uma enorme amplitude segundo os cenários concebidos pelos cientistas.

Há duas décadas, o IPCC evocava "pontos de inflexão" ou "descontinuidades em grande escala" (LENTON et al., 2019). Naquela época, essas "descontinuidades em grande escala" no sistema climático eram consideradas como prováveis apenas se o aquecimento do planeta ultrapassasse 5 °C dos níveis pré-industriais (LENTON et al., 2019) (derretimento substancial dos bancos de gelo da Groenlândia e da Antártica a longo prazo, elevação do nível do mar de mais de seis metros, extinção significativa da biodiversidade nas próximas décadas).

O professor Alan C. Mix (2018) salienta a importância desses desafios se o aumento da temperatura ultrapassar 1,5 °C:

Já começamos a constatar os efeitos da elevação do nível do mar. Esse aumento não poderá ser contido durante milênios, tendo impacto sobre uma grande parte da população mundial, da infraestrutura e da atividade econômica que se encontra perto do litoral (FISCHER *et al.*, 2018, p. 7).

Na realidade, o planeta está aquecendo mais rápido do que o previsto e todos os sinais estão em alerta!

Em tal contexto, é importante examinar as interações que podem existir entre as diferentes variáveis para compreender os desajustes do sistema climático que afetarão as gerações futuras. A ideia de escrever este ensaio parte de uma simples constatação: a construção de um esboço de consciência sobre o desajuste climático passa incontestavelmente por um aprendizado e um ensino do clima para os jovens. É verdade que não se trata de caracterizar uma "educação sobre as mudanças climáticas" como "teoria geral", nem de formar futuros superespecialistas (sabemos que a hiperespecialização rompe o tecido complexo do real), mas de oferecer conhecimentos críticos que possam ajudá-los a questionar, no espírito da condição humana dos jovens, sobre as múltiplas interações que revestem as mudanças climáticas hoje.

Por que essa escolha? Porque, por meio deste guia de leitura, podemos visualizar alguns conceitos fundamentais em que nossa compreensão das futuras mudanças climáticas é fundamentada. A hipótese é que não avançaremos enquanto não colocarmos a "educação da condição de vida" e, por conseguinte, o clima com o Humano em um lugar central, a conscientização da dimensão humana do clima nos ajudará a compreender como considerar o mundo novo que nos transporta.

Esse projeto nasceu dos muitos questionamentos que estão surgindo das representações dos jovens do Ensino Médio sobre as mudanças climáticas e que surgiram do projeto Global Youth Climate Pact (GYCP, 2014). É nesse sentido que este ensaio se endereça de preferência ao futuro das atuais e futuras gerações. A questão é: em quais bases práticas — ou em quais ações — podemos nos apoiar para podermos reduzir as rupturas que aumentam entre as ciências e os cidadãos sobre os temas cuja emergência de um pensamento crítico é indispensável? Nesse processo em direção das mudanças profundas e irreversíveis em nossos modos de vida e em nossa visão do mundo, a educação é, sem nenhuma dúvida, a alavanca por excelência, porque ela tem um papel preponderante em todos os níveis, em todas as latitudes e em todas as idades. A educação é a "força" que pode nos permitir enfrentar os múltiplos desafios. Quando iniciamos o projeto GYCP (2014) com os jovens, nós nos encontramos diante de uma série de questões diretamente ligadas ao engajamento como cientistas para reconciliar nossa experiência como pesquisador e nossa ação de "campo" como cidadão. Qual é a resposta apropriada e quais são as margens de manobra em relação aos jovens iniciantes? Vamos explorar o aspecto reflexivo em um contexto de pesquisa de campo a partir de vários exemplos de projetos de ação, ao mesmo tempo em uma perspectiva local e global. Logo, é pela multiplicação das ações que os jovens podem ser implicados como "atores ativos" quanto à sensibilização para as mudanças climáticas ou como "atores de mudanças", por exemplo, quando eles implementam seus projetos em nível territorial como parte de suas atividades escolares. Trata-se de propor iniciativas de durabilidade em comunidades descentralizadas.

Na realidade, o maior desafio, talvez, seja saber como podemos agir para proporcionar mudanças, e como adotar uma mudança tão importante e complexa como o aquecimento global. Entretanto, o interesse não se limita apenas a "sensibilizar" os jovens para as mudanças climáticas, suas causas e suas consequências, mas, sobretudo, levá-los a uma conscientização por meio da realização de ações em nível de sua vida cotidiana. Vamos discutir estratégias de "conscientização" das mudanças climáticas e da importância da dimensão humana, do engajamento com os desafios locais, regionais e mundiais associados a eles. Também é preciso salientar os valores associados às mudanças climáticas. Por outras palavras, repensar de maneira crítica os valores — os que defendemos como indivíduo (solidariedade, fraternidade), mas igualmente os das instituições (democracia) — é um exercício fundamentalmente importante para encontrar respostas para a questão das mudanças climáticas (CRATE; NUTTALL, 2016).

Vamos ver de maneira mais aprofundada ao longo das próximas páginas que "a educação é uma aposta múltipla em vários níveis teóricos e, sobretudo, segundo várias perspectivas: ela postula a educabilidade do humano a partir de sua imperfeição" (ARDOINO, 2000, p. 137). Justamente, como a educação é um dos instrumentos mais poderosos para a realização da mudança, consideramos oportuno privilegiar aqui sua função social, reconhecendo, ao mesmo tempo, suas dimensões antropológicas e éticas incontornáveis. No começo do século passado, H. G. Wells pressentia justamente que uma corrida já tinha começado a ser associada entre a educação e a catástrofe e que, talvez, por isso, nossa civilização não conheceria o século XXI. Essas previsões, durante muito tempo julgadas pessimistas, senão "catastrofistas", infelizmente, estão começando a se tornar mais ver-dadeiras a cada dia. Mais especificamente, os fatos superam, com frequência, amplamente a ficção. Dizer que uma educação sobre as mutações climáticas está se tornando cada vez mais problemática em nossas sociedades é querer dizer, mais ou menos distintamente, que não é mais a hora para ter a menor dúvida sobre nossa crise ecológica e civilizacional.

Não temos a pretensão de propor aqui um manual de instru-ção para o ensino sobre as mudanças climáticas; este ensaio não vai tratar a totalidade das matérias que são ou deveriam ser ensinadas em um programa pedagógico. Vamos propor simplesmente um guia de leitura dos problemas centrais e fundamentais que deveriam ser levados em consideração quando nos debruçamos sobre os eventos ligados ao aquecimento global. Futuramente, a elaboração de uma educação sobre o clima vai ser fundamentada em uma articulação entre os significados, com frequência, contraditórios, fragmentados e divididos, inclusive em uma inteligência da complexidade constituída pelo emaranhado dos problemas a serem identificados.

Nossa tese principal é: como nós traduzimos, defendemos, educamos e intervimos? Quais são os quadros teóricos que fundamentam nossas pesquisas? Quais ensinamentos podemos tirar do trabalho efetuado em nossas regiões mais atingidas — onde as mudanças climáticas já estão afetando significativamente? (Na África, junto à comunidade dos pigmeus da Bacia do Congo, ou nas ilhas do sul do Pacífico, Ilha de Páscoa e Kiribati).

Quais são os desafios enfrentados pelos modelos científicos atuais e como torná-los inteligíveis para uma abordagem educativa? Como compreendemos a complexidade da vida cotidiana em relação às mudanças climáticas? Como podemos transformar o saber em ação? Como podemos tratar e comunicar eficazmente os dados socioantropológicos aos decisores políticos? Como podemos contribuir para maior participação das jovens gerações nas discussões mundiais sobre suas visões da "adaptação às mudanças climáticas"? (CRATE; NUTTALL, 2016).

Além disso, a questão climática não deve ser tratada separadamente do tema político, porque as necessidades dos indivíduos e das populações, bem como nossos projetos, entraram na competência da esfera política.

E, segundo Morin (2000, p. 89),

> ao mesmo tempo, o planeta, enquanto tal, está se politizando e a política está se globalizando [as decisões tomadas em cada conferência mundial sobre mudanças climáticas são de ordem política], a ecologia e o clima tornaram-se um problema político não apenas local (degradação dos ecossistemas), mas também global (alteração da biosfera).

Até hoje, a pesquisa contribuiu amplamente para os conhecimentos sobre a alteração da biosfera (risco para as vidas e meios de subsistência) e sobre os incidentes da degradação dos ecossistemas (os custos dos impactos sobre diversos campos do meio ambiente).

Para finalizar, citamos Morin (2017, p. 170), afirmando que ninguém pode negar a ideia de que

> não podemos formular uma ética e uma política na consciência das complexidades humanas [...], nem ignorar que a comunhão de destino de todos os seres humanos sobre a Terra exige uma consciência da Terra-Pátria que engloba as pátrias sem as suprimir.

É assim que a política em sua dimensão humana deve integrar seu caráter multidimensional.

La Turbie, verão de 2020.

CAPÍTULO 1
Erro e ilusão

"Os erros e as ilusões causaram apenas sofrimentos e perdas ao longo da história humana e, de modo aterrorizante, no século XX!" (Edgar Morin).

Essa citação pode ser aplicada à evolução do conhecimento no campo do "sistema do clima" compreendido como integrante da dimensão humana. Essa concepção tem um papel preponderante na percepção das mudanças climáticas; ela deve ser considerada como o princípio diretor de uma visão do mundo e como uma parte importante do que forma nossas crenças e nossas atitudes perante os problemas sociais, inclusive o aquecimento global. Os elementos que compõem a dimensão humana são: conhecimento, conscientização, crenças, atitudes, engajamento e ação; todos esses componentes influenciam-se mutuamente. Essa concepção da dimensão humana deve imperativamente ser integrada em um projeto de educação do futuro e incorporar nele "o imperativo de criar conhecimentos que podem prevenir o aquecimento global descontrolado" (CASTREE *et al.*, 2014, p. 715).

Os grandes progressos que obtivemos acumulando significativamente conhecimentos sobre o estado do sistema climático não impediram, apesar disso, que nossas ignorâncias profundas persistissem; o erro e a ilusão parasitam o espírito humano.

Aqui não é o lugar para inserirmos uma descrição do estado dos conhecimentos da questão climática, de seus erros e de suas ilusões; isso seria ilusório e pretensioso. Entretanto, devemos prestar atenção no modo de organização dos conhecimentos complexos comunicados pelos cientistas relativos ao desajuste climático e/ou às "mudanças climáticas" (LATOUR, 2015, p. 137). Esses conhecimentos são igualmente índices (modelos, cenários, entre outros) que incitam à abordagem das mudanças climáticas na perspectiva de nossas origens paleoclimáticas levando em consideração, ao mesmo tempo, a evolução de nossos conhecimentos sobre a biosfera. Hoje, dispomos de arquivos de riqueza excepcional que oferecem informações preciosas que remontam a um passado de até 65 milhões de anos (JOUZEL; LORIUS; RAYNAUD, 2008). É em direção desses conhecimentos que os cientistas "se dirigem para conhecer o clima de nossas regiões ao longo dos últimos séculos e discernir os traços das atividades humanas sobre o clima das últimas décadas" (JOUZEL; LORIUS; RAYNAUD, 2008, p. 77).

Mas, como para qualquer conhecimento, uma educação necessária para as mudanças climáticas "deve mostrar que não existe nenhum conhecimento, a qualquer nível que seja, que não seja ameaçado pelo erro e pela ilusão" (MORIN, 2000, p. 18). De fato, um conhecimento não é um reflexo das coisas ou do mundo exterior.

O progresso do conhecimento no campo do sistema climático permitiu a melhoria da compreensão das interações complexas do sistema climático (físico, atmosférico, geológico, biológico, ecológico, entre outros), dos ecossistemas e das interações humanas. Hoje, modelos, cenários, impactos e/ou simulações fornecem descrições plausíveis da maneira como os campos do meio ambiente global vão evoluir, inclusive, se transformar nas próximas décadas. Não obstante, uma questão se impõe: o mundo poderia encontrar uma alternativa por quais caminhos? O objetivo dessa questão não é prever o futuro, mas compreender melhor as incertezas para conseguir chegar a decisões políticas. Devemos esclarecer que o conhecimento complexo não consegue eliminar sua incerteza, sua deficiência ou sua imperfeição. Mas tem o mérito de reconhecer a incerteza, a imperfeição e a deficiência de nossos conhecimentos. A incerteza introduzida no conhecimento geral e no conhecimento climático, em particular, foi ocultada, mas não eliminada pelo pensamento simplificador.

Ao longo das últimas décadas, a pesquisa sobre as mudanças climáticas privilegiou os conhecimentos das disciplinas especializadas (física, climatologia, ecologia, modelos matemáticos, entre outros), mas ignorou os grandes problemas que aparecem quando associamos os conhecimentos enclausurados nas disciplinas: as contradições, as incertezas, entre outros. Assim, durante um tempo, as interrogações essenciais para uma conscientização foram descartadas. É nesse sentido que "a ignorância mantém um ignorantismo que reina não apenas entre nossos contemporâneos, mas também entre os cientistas e os especialistas, que ignoram sua ignorância" (MORIN, 2017a, p. 19). Entretanto, devemos reconhecer que "os modelizadores foram real-mente os primeiros a tomar consciência da importância potencial da influência das atividades humanas sobre o clima" (JOUZEL; LORIUS; RAYNAUD, 2008, p. 184). Os modelos e cenários disponíveis sobre as mudanças climáticas nos ajudam a avaliar uma parte das incertezas quanto à contribuição humana para as mudanças climáticas, à resposta aos eventos antrópicos, aos impactos futuros de inúmeros desajustes climáticos e a suas implicações multiformes (medidas de redução das emissões líquidas dos gases do efeito estufa) em termos de adaptação (ações que facilitam uma resposta às novas condições climáticas).

Sabemos há muito tempo que os limites que deveriam ser res-peitados para a proteção da biosfera já foram ultrapassados (perda da biodiversidade, derretimento inevitável dos bancos de gelo do Hemisfério Norte, quantidade de dióxido de carbono, entre outros).

Para Trenberth (2014), algumas mudanças induzidas pelo homem acontecem cem vezes mais rápido do que as produzidas pela natureza. Quando lemos os artigos científicos, uma constante e um ponto em comum, que caracteriza a comunidade científica no campo do clima, são inevitavelmente evidentes. Em todas as escalas consideradas do clima, os modelos propostos são complexos para algumas pessoas, inclusive supercomplexos para a compreensão de um público iniciante.

Mas os modelos científicos continuam a fornecer uma representação simplificada da realidade, porque essa é sua essência e seu interesse. Por outro lado, para Bapteste (2017), sua simplicidade os torna manipuláveis, operacionais, nossos raciocínios nos oferecem acesso ao mundo e pontos de referência que nos permitem ver mais claramente.

Quando observamos os cenários, percebemos que eles fornecem uma base coerente para responder à complexidade da utilização de modelos climáticos: com o aumento das emissões dos gases do efeito estufa na atmosfera, há um desequilíbrio da circulação da energia dentro e fora do sistema terrestre no topo da atmosfera — os gases do efeito estufa conservam cada vez mais radiação e, logo, criam um aquecimento (SOLOMON *et al.*, 2007). Na realidade, o termo "'aquecimento' significa calor e energia suplementar e, então, pode se manifestar de inúmeras maneiras" (TRENBERTH *et al.*, 2014, p. 3.129). Levantamos uma questão: como o sistema climático reage perante essas diferentes manifestações? Hoje, apesar de existirem ainda zonas obscuras — "camadas cada vez mais profundas e amplas de ignorância" (MORIN, 2017a, p. 117) —, os modelos permitem representar importantes forças motrizes, processos e impactos: físicos, ecológicos e econômicos, para a implementação útil de uma política das mudanças climáticas (MOSS *et al.*, 2010).

As percepções e representações que podem ser imaginadas pelos indivíduos variam em função de determinantes, conhecimentos, crenças, engajamentos, entre outros. Em particular, as percepções são, ao mesmo tempo, traduções e reconstruções mentais dos valores ou sinais captados e codificados pelos sentidos.

Segundo Morin (2001, p. 89),

> O conhecimento como palavra, ideia e teoria, é o fruto de uma tradução/reconstrução pela linguagem e pelo pensamento e, por isso, ele corre o risco de erro. Esse conhecimento, enquanto tradução e enquanto reconstrução, comporta interpretação, o que introduz o risco de erro no interior da subjetividade do conhecedor, de sua visão do mundo, de seus princípios de conhecimento. Daí os inúmeros erros de concepção e de ideias que surgem apesar de nossos controles racionais. A projeção de

nossos desejos ou de nossos temores e os distúrbios mentais carregados por nossas emoções multiplicam os riscos de erros.

CIÊNCIA, CONHECIMENTO, INFORMAÇÃO

O desenvolvimento do conhecimento científico é um meio poderoso de detecção dos erros e de luta contra as ilusões. Entretanto, os paradigmas que controlam a ciência podem desenvolver ilusões e nenhuma teoria científica é imune contra o erro, inclusive quando passamos da probabilidade à certeza quanto à responsabilidade da atividade humana no aquecimento global.

Logo, a educação deve se dedicar à desconstrução e à detecção das fontes de erros, dúvidas, ilusões e negações.

Como evocamos anteriormente, nenhum modelo é infalível, seja qual for sua complexidade ou hipercomplexidade, porque sua finalidade é se dirigir para as entidades sociais, e elas não têm um centro estável e são pouco previsíveis. Quando nos referimos aos milhares de modelos climáticos elaborados por cientistas do mundo inteiro durante os últimos anos, podemos considerar que as margens de erro podem se situar em diferentes níveis de probabilidade.

Ao longo da evolução do conhecimento das mudanças climáticas, os cientistas diagnosticaram casos concretos de uma intervenção antrópica. Dispomos de um estado da arte da ciência graças à informação contida na literatura científica que permite uma série de constatações referentes ao "aquecimento global".[3]

---

3. Em 20 de março de 2023, os Estados-membros do Painel Intergovernamental sobre Mudanças Climáticas (IPCC) aprovaram o Relatório de Síntese do Sexto Relatório de Avaliação. A sua principal conclusão: um futuro resiliente e habitável ainda está ao nosso alcance, mas apenas se fizermos reduções profundas, rápidas e sustentadas das emissões de gases de efeito estufa durante esta "década crítica", a fim de limitar o aquecimento a 1,5 °C com um mínimo ou nenhum excesso. Em resposta ao relatório, António Guterres, Secretário-Geral das Nações Unidas, apelou para que os países deixassem de construir novas centrais de carvão e de aprovar

Assim, a compreensão da informação referente aos futuros aque-
cimentos globais deve levar em consideração a análise das incertezas.
De fato, os resultados científicos obtidos são fundamentados em dois
parâmetros: a confiança na validade de uma constatação inspirada
na quantidade de informação; e a força e a coerência das provas, em
relação ao grau de concordância com o *corpus* da literatura científica. A
probabilidade de um efeito ou de um impacto é baseada em estimativas
expressas de modo probabilista, elas próprias são fundamentadas no
grau de compreensão ou de conhecimento. Ressalta-se que os autores
do relatório do US Global Change Research Program 2017

> emitiram uma nota de análise científica baseada na literatura para esti-
> mar a probabilidade de um efeito observado estar ligado à contribuição
> humana nas mudanças climáticas ou de um impacto particular estar
> incluso em um intervalo provável (USGCRP, 2017, p. 6).

Quanto à confiança, ela é expressa qualitativamente e varia de
um nível de confiança baixo (prova não conclusiva ou discordância
entre especialistas) a um nível de confiança muito alto (provas sólidas
e consenso geral). A confiança não deve ser interpretada de modo
probabilista, porque ela é distinta da probabilidade estatística.

> A incerteza do modelo é um fator importante de incerteza nas projeções
> climáticas e inclui as incertezas incluídas pelos erros na representação
> dos processos físicos e biogeoquímicos que afetam o sistema climático
> bem como a resposta do modelo de forçamento radiativo externo, sem
> se limitar a elas (USGCRP, 2017, p. 6).

Sobre essa questão, Morin (2017a, p. 21) complementa:

---

novos projetos de petróleo e gás. Espera-se que o novo relatório sirva de base na Conferência das
Nações Unidas sobre Mudanças Climáticas, em dezembro, em Dubai, onde os líderes mundiais
se reunirão para avaliar os seus progressos na luta contra o aquecimento global. Nas conversas
sobre o clima realizadas no ano anterior, em Sharm el Sheik, o texto que apelava ao fim dos combustíveis fósseis foi retirado do acordo final após pressão de várias nações produtoras de petróleo.

Os progressos do saber produzem uma ignorância nova e muito profunda porque todos os avanços (inclusive o do clima) resultam no desconhecido: o da origem, se houver uma origem, o do fim, se houver um fim, e o da substância da realidade. E isso também é válido para a origem da vida, para a fabulosa criatividade das espécies vegetais e animais, para a incrível organização espontânea dos ecossistemas e da biosfera.

OS LIMITES DO CONHECIMENTO

Estudos recentes da Organização Meteorológica Mundial (OMM) mostraram que os anos 2016, 2017 e 2018 foram os mais quentes já registrados. De fato, o verão de 2018 teve temperaturas excepcionalmente elevadas, em particular, nas regiões do hemisfério norte. O Japão teve de enfrentar uma das piores ondas de calor de sua história. O número de mortos vítimas das canículas não para de aumentar. Segundo os climatologistas, essas tendências deveriam continuar ao longo dos próximos períodos climáticos. Estamos realmente em uma era de mudanças climáticas. Essa avaliação conclui, com base em provas abundantes, que é extremamente provável que as atividades humanas, em particular as emissões dos gases do efeito estufa, sejam a causa do aquecimento significativo desde os anos 1980. Em relação ao aquecimento ao longo do século passado, não há outra explicação convincente que seja fundamentada por tal extensão de prova observacional.

Além do aquecimento global, inúmeros outros aspectos do clima mundial estão mudando, principalmente em resposta às atividades humanas. Milhares de estudos feitos por pesquisadores do mundo documentaram mudanças das temperaturas da superfície, atmosféricas e oceânicas, derretimento das geleiras, diminuição da camada de neve, redução dos bancos de gelo, elevação do nível do mar, acidificação dos oceanos e aumento do vapor de água atmosférico.

Hoje, o debate da comunidade científica não deveria mais ser o de saber se um modelo sobre as mudanças climáticas é necessário, mas, sobretudo, qual seria seu formato em um sistema instável e qual seria o papel da educação. Alguns se questionam: por que as respostas para as mudanças climáticas são mais lentas e contraditórias que as dadas aos outros problemas sociais (crise econômica, alimentar, epidêmica, buraco da camada de ozônio, entre outros)?

Segundo Agre (2017, p. 62),

o problema das mudanças climáticas é diferente porque o início não é imediato. O imediatismo e os efeitos sobre os indivíduos que podem causar uma epidemia são um problema que devemos encarar rapidamente, por outro lado, as mudanças climáticas sempre foram vistas como um problema que acontecerá a longo prazo.

Ou seja, daqui a quarenta, sessenta, cem anos, quando tudo será diferente e boa parte das gerações presentes não existirá mais.

De acordo com Morin (2017b, p. 30),

Nosso saber científico realizou progressos gigantescos, mas os progressos permitem que nos aproximemos de algo que desafia nossos conceitos e nossa inteligência, e que levantam a questão sobre os limites do conhecimento.

O problema não é saber se temos mais ou menos conhecimentos no campo das mudanças climáticas. De qualquer maneira, é difícil ter um conhecimento exaustivo (mais de quatro mil artigos científicos são recenseados por ano pelo IPCC) e a questão é compreender os conhecimentos existentes. De fato, constatamos que uma parte importante da sociedade não sabe como agir. Será pela imensidão do problema? Como apreender a imensidão dos efeitos do aquecimento global? Segundo Agre (2017), esse é um problema de informação e de comunicação da parte dos cientistas. Os cientistas não estão usando as palavras certas, além disso, são péssimos comunicadores, inclusive dos próprios trabalhos quando se dirigem a seus pares. É um problema.

Conforme o referido autor,

É importante escolher bem as palavras — falar simplesmente de "seleção natural" no lugar de "evolução" para percebermos de modo mais fácil [...] a resistência da direita religiosa contra os antibióticos, por exemplo. Comunicar exige sutileza e sinceridade. Podemos fazer as coisas de um modo bem melhor (AGRE, 2017, p. 62).

No entanto, segundo Wildschut (2017), o problema ultrapassa o defeito de comunicação e se encontra, sobretudo, em um compartilhamento suficiente do conhecimento entre os cientistas e os cidadãos.

Quando nos referimos neste texto aos resultados científicos e às hipóteses obtidas pelas ciências climáticas, não é para considerá-los como verdades eternas.

Conforme Morin (2017b, p. 72),

Muitas descobertas acabarão realmente sendo questionadas. Mas o que importa é aquilo que elas nos fazem abandonar definitivamente: o reino da ordem determinista, o reducionismo e a disjunção entre as disciplinas, a realidade como noção clara e distinta, e o que também é importante para mim, tudo o que elas nos levam a considerar, às vezes sem saber: a complexidade do universo, da vida, do homem.

Para Sévellec e Drijfhout (2018, p. 10), o clima é algo muito complexo para ser modelizado e/ou simulado:

O aquecimento global não é um processo monótono e sem percalços. As variações em torno do processo contínuo podem até mesmo dominar a tendência sobre as escalas de tempo decenais, como foi o caso do *bug* do milênio no começo do século XXI.

Em paralelo, assistimos, ao longo das últimas décadas, a uma melhoria dos modelos e de suas fiabilidades previsionais, entretanto, devemos aceitar a subsistência de uma parte desconhecida.

É nesse sentido que é difícil para os cientistas fazerem declarações definitivas sobre a "verdade". Assim como não acreditamos nas mesmas coisas que há cinquenta anos, esperamos que nossa compreensão das coisas mude com o tempo. Isso não significa que nossa compreensão atual deva ser considerada como incompleta, mas talvez seja difícil comunicar conceitos como "aquecimento", "desequilíbrio energético global", "adaptação", entre outros, aos não cientistas, *a fortiori* aos jovens adolescentes. É por isso que devemos nos debruçar sobre o lugar da educação e o modo necessário para desenvolvê-la. Ao longo de nosso projeto (GYCP, 2014), pudemos constatar que o engajamento dos jovens adolescentes não faz parte da formação acadêmica. O que poderia ser ainda mais inteligente seria se concentrar na educação e na formação de jovens mentes. Também deveríamos nos lembrar de que ainda existem inúmeros desafios ecológicos e ambientais ligados às mudanças climáticas. O óxido nitroso, por exemplo, é um gás do efeito estufa relativamente negligenciado, mas extremamente poderoso. Deveríamos comunicar melhor em um contexto em que muitos outros problemas ainda devem ser resolvidos.

MUDANÇAS CLIMÁTICAS, MUDANÇAS DE ATITUDE?

Voltemos à questão geracional. Como esses jovens dizem estar muito preocupados com o impacto das mudanças climáticas, o problema é saber como organizar os conhecimentos para despertar sua curiosidade, bem como seu engajamento. É óbvio que a questão do enquadramento é essencial em sua função de implicação e de atribuição da "responsabilidade" da ação. A utilização das palavras exatas é fundamental, assim como fazer com que esses jovens compreendam que agir sobre as mudanças climáticas não é da competência apenas dos cientistas, dos "especialistas" ou dos responsáveis políticos. Além disso, inúmeros leigos não se sentem diretamente implicados, visto que as mudanças climáticas pertencem ao campo da ciência e, ao mesmo tempo, tudo isso é incompatível com os modos convencionais de transmissão de conhecimentos fragmentados e compartimentados que dominam a educação convencional.

Segundo Stevenson, Peterson e Bradshaw (2016), apenas a metade dos adultos americanos concorda com o fato de que o aquecimento global seria causado pelas atividades humanas, apesar de 95% dos climatologistas concordarem com isso. Os pesquisadores atribuem essa desconexão persistente entre o consenso científico e as percepções públicas à grande dependência dos indivíduos em relação a uma visão do mundo e a uma ideologia política, que fazem que eles busquem informações provenientes de fontes ideologicamente compatíveis. Entretanto, algumas pesquisas sugerem haver um elo entre um conhecimento do clima e a aceitação do aquecimento global antrópico e das mudanças climáticas pelos adolescentes e pelos adultos, o que indica que a educação sobre o clima permitiria ultrapassar a polarização ideológica.

Não se trata de buscar nos jovens do Ensino Médio algum "espírito de aceitação" dos efeitos das mudanças climáticas, mas, sobretudo, de promover um tipo de conscientização ecológica, histórica, psicológica, política, ética, entre outros, de uma realidade climática frequentemente exterior a suas preocupações. É uma tentativa de reconstrução mental e de construção social de uma realidade complexa. Segundo estudo citado por Lawson *et al.* (2018), talvez os jovens sejam mais aptos que os adultos para analisar os fatos científicos em seus contextos políticos. Com um nível elevado de conhecimentos sobre o aquecimento global, os alunos chegam a um consenso sobre os efeitos antrópicos, qualquer que seja sua visão do mundo (FLORA *et al.*, 2014; STEVENSON; PETERSON; BRADSHAW, 2016).

Mas uma mudança de atitude não é apenas o fato de entrar em consenso. Um dos desafios da educação sobre as mudanças climáticas é o de não se deixar enganar pelos falsos conhecimentos. Os alunos podem "apresentar diferenças significativas em seu nível de compreensão das mudanças climáticas" (TOLPPANEN; AKSELA, 2018, p. 375). Como já mencionamos, outro desafio é a complexidade da ciência no plano de fundo das mudanças climáticas (SVIHLA; LINN, 2012). Finalmente, a inteligibilidade e a perceptibilidade são elementos necessários para compreender como nossa visão é modelada.

Sugerimos ir além das leituras disciplinares de um fenômeno que, pela própria natureza, é transversal e, aliás, aberto à abordagem inter e transdisciplinar. Devemos aceitar, como seres conscientes às percepções, as representações que temos dos efeitos das mudanças climáticas, assim como as ameaças reais, imediatas e potencialmente irreversíveis para a sociedade humana. Nessa perspectiva, devemos situar, localizar nossa consciência em nossa vida e nossa visão do mundo (SEARLE, 1995). Além disso, qualquer abordagem da consciência (EDELMAN; TONONI, 2000) por um processo de construção do conhecimento permitiria seu progresso e a afirmação da consciência. A consciência implica obrigatoriamente interações sociais.

Aliás, quando a questão são os estudantes, podemos entender que, para todo professor, o ensino desenvolvido pelo sistema escolar tradicional possa parecer, *a priori*, como uma tarefa duplamente difícil em respeito às ciências do clima. Difícil, porque os conteúdos curriculares podem ser percebidos por alguns como estonteantes e causar ansiedades. Difícil, porque há uma sensação de não estar intelectualmente pronto(a), diante da imposição de um programa convencional preparado para transmitir informações compartimentadas.

Evidentemente, é difícil conceber um modelo reflexivo único, sabendo que a escola, lugar de construção de conhecimento, de aprendizagem e instância de socialização dos jovens, participa de maneira múltipla e complexa na construção de normas e de representações da vida cotidiana. A abordagem sugerida aqui busca ressaltar as redes de intercâmbios recíprocos de saberes entre os cientistas, os professores e os jovens. Esses modos de intercâmbios de saberes com os jovens são indispensáveis no contexto de um "mundo em transição" em que os grandes desafios do planeta e o desejo de encarar plenamente o estado de nossa biosfera em uma perspectiva de "responsabilidade" e de agir seriam estimulados e discutidos. Perante a diversidade das respostas e o desafio das incertezas em torno das projeções científicas, sociais, econômicas, jurídicas e políticas das mudanças climáticas, em que o provável (certo) e o improvável (incerto) emaranham-se, a abordagem pela complexidade do real tem um papel de conscientização dos alunos para evitar os preconceitos e tentações simplificadoras, e para fazer com que "jovens cidadãos" se tornem mais esclarecidos em suas escolhas de vida, assim como em seus engajamentos cívicos e políticos.

Durante nosso projeto, a incompreensão dos alunos sobre o aquecimento global, cujas características socioculturais eram de uma enorme diversidade, chamou nossa atenção. Como fazer com que esses jovens oriundos de meios sociais diversos, inclusive desfavorecidos e vivendo em regiões afetadas pelos efeitos das mudanças climáticas, conseguissem construir uma consciência cívica sem que o processo de ensino-aprendizagem fosse sentido como um discurso moralizador da parte dos cientistas ou causa de ansiedade para os professores? Como despertá-los, sensibilizá-los para a urgência dos eventos ligados às mudanças climáticas, visto que eles acham que as questões são um debate exclusivo entre cientistas especialistas? Devemos reconhecer a existência de um abismo entre o consenso científico e a percepção dos jovens sobre o impacto do aquecimento global. Sabemos que os jovens podem compreender os contornos de um conhecimento científico, logo, podem aderir aos princípios de objetividade da ciência se os conhecimentos forem contextualizados e suas opiniões forem levadas em consideração.

Por outro lado, eles podem compreender pelo aprendizado que inúmeros fatores influenciam as mudanças nos sistemas complexos. No contexto de um ensino sobre as mudanças climáticas, os elos entre os sistemas físicos, geológicos, ecológicos, ambientais, econômicos e políticos, assim como seu impacto na dimensão humana, suscitam um interesse crescente (VANCE *et al.*, 2017).

Será que está acontecendo uma mudança de atitude da parte dos alunos perante a questão das mudanças climáticas? O fator mais problemático que afeta nosso futuro talvez seja o papel do risco de erro no conhecimento e na interpretação. O problema do erro "é um problema existencial" (MORIN, 1980, p. 402). Nossos sistemas de ensino-aprendizagem comportam dispositivos de resistência ao erro.

Para termos uma ideia do tipo de informação que os jovens compartilham, pedimos a 1.000 estudantes (entre quinze e dezoito anos) para responderem à seguinte questão: Segundo sua opinião, quais vão ser os efeitos das mudanças climáticas sobre você e seu entorno? Essa primeira questão muito geral foi feita no contexto de um processo colaborativo *crowdsourcing*[4]. Ela tinha como objetivo a verificação dos elementos de percepção dos jovens em relação aos efeitos das mudanças climáticas em sua vida imediata e seu entorno (GYCP, 2014).

A análise mostrou temas ligados à agricultura, à saúde, à alimentação, aos animais, à seca, à água, sugerindo que o problema fundamental da subsistência humana é uma preocupação muito importante. Um exemplo disso é dado por um dos comentários que obteve o maior consenso, em que um jovem menciona que o principal efeito das mudanças climáticas é que afetaria as zonas agrícolas, logo, com os solos fragilizados, elas não teriam energia suficiente para produzir alimento. De fato, o estado dos solos depende enormemente das condições climáticas, qualquer mudança dessas condições poderia então ser compreendida como uma modificação dos solos.

O fato de o aquecimento global poder ter um impacto sobre os ecossistemas (flora, fauna, clima) e sobre o meio ambiente da vida humana faz com que pontos de convergência entre preocupações

---

4. Para conhecer a opinião dos estudantes, utilizamos um recurso colaborativo, o *"crowdsourcing* cívico", que consistiu em solicitar que os jovens dessem, de maneira anônima, sua opinião a partir de uma série de questões, permitindo uma melhor identificação dos principais desafios das mudanças climáticas percebidos por eles. O *crowdsourcing* surge como uma abordagem inovadora que permite uma interação entre a complexidade do objeto e os participantes. Utilizado durante todo nosso projeto (2015-2019), permitiu encontrar respostas à problemática climática, baseando-se em uma rede importante de pessoas pela internet e uma plataforma numérica (a sociedade Synthetron ficou encarregada da supervisão remota em tempo real).

dos jovens em relação a sua vida cotidiana apareçam. Eis um exemplo: quando os efeitos das mudanças climáticas acontecem, "todo o ecossistema é afetado pela seca e, por conseguinte, pela extinção dos seres vivos, da vida marinha, da flora e da fauna, bem como da Terra" (GYCP, 2014). Esse comentário testemunha uma conscientização geral dos efeitos que as mudanças climáticas poderiam ter e que essa ideia foi aceita pelos outros participantes. Essa conscientização da amplitude dos efeitos do aquecimento global pode ser um bom ponto de partida para as experimentações em termos de ação. Deve-se mencionar que essa questão não é um barômetro do grau de negatividade de como os jovens veem as mudanças climáticas e que 10% deles acreditam que as mudanças climáticas terão efeitos positivos. Isso está de acordo com os estudos internacionais (IPCC, 2014), que documentam alguns efeitos positivos dessas mudanças, em função das regiões em que elas serão sentidas.

É interessante perceber que os jovens estão cada vez mais proativos, estão no tempo presente, concentram-se nas ações concretas e tomam consciência de que a geração deles será a que sofrerá mais impactos.

Gostaria de me estender sobre uma última observação da pesquisa (GYCP, 2014). O recurso colaborativo *crowdsourcing* permite destacar o que é consensual e o que é controverso nas discussões. Na maioria dos casos, existe consenso entre os estudantes em suas percepções sobre as mudanças climáticas. Entretanto, há um elemento interessante dentro desse consenso que deve ser mencionado: a atitude das garotas em relação às mudanças climáticas. Elas têm uma percepção mais centrada sobre as consequências das mudanças climáticas globais (62% das garotas e 38% dos garotos). Aliás, isso confirma que os estudantes podem estar aptos a reunir as informações de base essenciais (STEVENSON *et al.*, 2017) para compreender as consequências das mudanças climáticas. Além disso, a pesquisa demonstra que os estudantes que vivem em regiões mais expostas aos efeitos do aquecimento global (sul do Pacífico, Ilha de Páscoa, Kiribati, Bacia da África, Amazônia, Nepal, entre outros lugares) têm maior propensão a se engajarem.

MELHOR VERIFICAÇÃO DO CONHECIMENTO

Outro aspecto interessante relativo à elaboração dos conhecimentos e à utilização da informação é a desagradável situação que consiste em recusar a verificação e preferir seguir confortavelmente na ignorância. Segundo nossos resultados, apesar de os conhecimentos discutidos sobre as mudanças climáticas poderem influenciar diretamente as crenças dos estudantes, também é verdade que podemos nos encontrar diante de conhecimentos ruins que podem causar falsas convicções na ação para as mudanças climáticas. Essa atitude, que consiste em não verificar o conhecimento, pode ser levada tão longe que algumas informações que circulam entre os estudantes podem não corresponder aos problemas ligados às mudanças climáticas. Podemos ilustrar isso com dois exemplos.

Esbarramos, com frequência, em uma dessas falsas ideias que afirmam que a depleção da camada de ozônio contribui para as mudanças climáticas. Ouvimos essa afirmação repetidamente por todos os lados, sendo até mesmo, às vezes, consensual entre os jovens. Isso poderia ser explicado pelo paralelismo frequente entre dois processos: o primeiro, a camada de ozônio é objeto de uma discussão exemplar e de uma política pública em nível mundial que permitiu a resolução do problema, ao passo que, em relação às mudanças climáticas, nada ainda foi realmente resolvido.

Outro exemplo, mais local, mostra que podemos, às vezes, ter uma convicção errônea sobre nossas formas de ação quando não temos bons conhecimentos. Isso se refere a um fenômeno de mortalidade nas fazendas de criação de salmão nos mares do sul austral no Chile. A evasão de mais de 700.000 salmões tratados com antibióticos em gaiolas, impróprios ao consumo e potencialmente devastadores ao meio ambiente, comoveu a população local pelo impacto em termos de desastre ecológico. Durante as discussões com os estudantes das escolas dessa região, foi dito que o impacto das mudanças climáticas no oceano austral teria uma ligação particular com o fenômeno da "maré vermelha". Na verdade, após análise, a "maré vermelha" era apenas milhares de salmões que tinham escapado das gaiolas. Mas, para explicar que essa "maré vermelha" não tinha nenhuma ligação com os fenômenos do aquecimento global, foi preciso provar que o erro de apreciação poderia ser percebido pela falta de informação e/ ou pelo modo como a informação é transmitida para a população. Esses dois exemplos mostram bem o papel do conhecimento.

"O erro é um problema-chave para uma organização e uma ação cuja principal alimentação é a informação" (MORIN, 1977, p. 363). É preciso, de maneira urgente, que aqueles que vão enfrentar os efeitos das mudanças climáticas nas próximas décadas sejam mais bem informados sobre as realidades da vida, no primeiro sentido dessas palavras. Como veremos, fazemos parte da biosfera e nos tornamos guardiões dela. "Quaisquer que sejam nossas outras preocupações, não podemos nos dar ao luxo de negligenciar nossa própria natureza" (DE DUVE, 1996, p. 446). Devemos aprender um modo de pensar em que o erro não determine exatamente o retrocesso das ideias simplificadoras e não seja a própria causa do retrocesso. Esse modelo de pensamento pode contribuir, pelo contrário, para a elaboração de um conhecimento mais enriquecedor. Além disso, para esses jovens, os conhecimentos também são as melhores oportunidades para resolver seus problemas atuais e futuros.

Finalmente, outro ponto interessante que se destaca nas discussões dos estudantes é a maneira como a noção de engajamento pelo planeta se afirma. O fato de grupos de estudantes preocupados com os processos da seca, da saúde, da agricultura, dos recursos, entre outros, existirem, na escala local, bem como na planetária, é encorajador, mesmo se seu funcionamento continue sendo, com frequência, difícil de ser compreendido e associado à educação convencional.

Questão: Como transformar todas essas informações em um saber acessível para a conscientização sem que isso ultrapasse o entendimento?

CAPÍTULO 2

Os princípios de um conhecimento pertinente

"As duas coisas de que temos mais certeza hoje são: a falta de esperança que os sofrimentos causados por nossas incertezas atuais estejam diminuindo e que a incerteza iminente esteja se tornando ainda mais profunda" (Zygmunt Bauman).

É capital promover um conhecimento capaz de entender os problemas globais e fundamentais para inscrever os conhecimentos parciais e locais neles, apesar de isso ser desconhecido.

É preciso reunir os saberes dispersos em cada disciplina para "ensinar a condição humana e a identidade terrestre" (MORIN, 2000, p. 13). Da mesma maneira, em vez de reduzir a educação à transmissão de conhecimentos estabelecidos, em uma concepção, com frequência, determinista da evolução das sociedades, é melhor explicar o modo de produção dos saberes destacando o *"actionable knowledge"* (CASTREE *et al.*, 2014, p. 743), que contribui para uma compreensão mais rica, mais pertinente da maneira como a humanidade poderia enfrentar os efeitos das mudanças climáticas.

Há uma profunda "cegueira" da própria natureza do que deve ser um conhecimento pertinente. Segundo o dogma predominante, a pertinência aumenta com a especialização e com a abstração.

Conforme Morin (2000, p. 35),

> O conhecimento dos problemas-chave do mundo, das informações-chave relativas a esse mundo, por mais aleatório e difícil que seja, deve ser experimentado para não corrermos o risco de um defeito cognitivo [...]: como obter o acesso das informações no mundo e como obter a possibilidade de articulá-las e de organizá-las? Como entender e conceber o Contexto, o Global (a relação total/partes), o Multidimensional e o Complexo?

Nossa concepção de conhecimento pertinente situa-se em um registro diferente do de uma teoria dos atos de linguagem, "a mente é uma máquina complexa" (SPERBER, 1974, p. 503). Sobretudo, não seria um exagero dizer que a abordagem do "conhecimento do conhecimento" evidencia certas propriedades dos problemas globais e fundamentais. Nessa perspectiva, é preciso desenvolver uma aptidão natural da mente humana para situar todas as informações em um contexto e um conjunto. Para isso, é importante ensinar os métodos que permitam entender as relações mútuas e influências recíprocas entre as partes e o conjunto em um mundo complexo.

É dessa maneira que podemos caracterizar a problemática climática, ou seja, dos fenômenos climáticos que devem ser relacionados entre as partes e o conjunto de um mundo complexo. Quando falamos de clima, devemos considerá-lo não como um problema, mas, sobretudo, como o surgimento de problemas inéditos do "novo regime do clima", como um todo que se alimenta da crise ecológica e dos problemas ambientais, no sentido amplo e na escala da biosfera, e que, em troca, os engloba, os ultrapassa e os alimenta. E é isso que causa o próprio problema dos problemas: a impotência da humanidade para enfrentar os grandes desafios das mudanças climáticas. Nas linhas seguintes, vamos tentar mostrar como o conhecimento pertinente é um dos fatores fundamentais para apreender o desajuste climático.

CONTEXTUALIZAR OS CONHECIMENTOS DAS MUDANÇAS CLIMÁTICAS

Ultimamente, estamos vendo a publicação de centenas de milhares de artigos científicos que relatam o estado do sistema climático do planeta; todos os dias somos alertados de que o planeta está esquentando, somos avisados de que os recordes absolutos são batidos por todos os lados, como no círculo polar, em Jokkmokk, na Suécia, com 32,5 °C em julho de 2018, ou na Sibéria, com um recorde de calor de 38 °C registrados acima do círculo polar. Verkhoïansk, uma cidade da Sibéria, situada na latitude 67° N, registrou em um sábado, dia 21 de junho de 2020, 38 °C. Se essa temperatura for confirmada, será um recorde para essa cidade do norte do círculo polar. Em um relatório recente, a Organização Meteorológica Mundial (OMM, 2020) afirmou que "o período entre 2015 e 2019 foram os cinco anos mais quentes já registrados, assim como a década de 2010-2019. Cada década seguinte desde 1980 foi mais quente que a precedente desde 1850". Assim, segundo os relatórios da OMM consultados, esses anos quentes se seguem e se parecem:

> 2016 foi o ano mais quente, nunca antes registrado nos principais conjuntos de dados sobre as temperaturas da superfície terrestre, apesar de, em certos casos, a diferença entre 2016 e o segundo ano mais quente, 2015, encontrar-se na margem de erro (OMM, 2016, p. 8).

A OMM constatou a mesma coisa em relação a 2017, ou seja,

> foi um dos três anos mais quentes na escala mundial. Uma combinação de cinco tabelas de dados [...] mostra que as temperaturas médias globais ultrapassaram 0.46 °C ± 0,1 °C da média de 1981-2010 e 1,1 °C ± 0,1 °C dos níveis pré-industriais. [...] O risco de impactos ligados ao clima depende das interações complexas entre os riscos ligados ao clima e a vulnerabilidade, a exposição e a capacidade de adaptação dos sistemas humanos e naturais (OMM, 2020, p. 27).

Entretanto, Sévéllec e Drijfhout (2018, p. 1) afirmam que

> a natureza caótica do sistema climático limita a precisão das previsões nessas escalas de tempo. No entanto, entre 2018-2022, a previsão probabilística indica um período mais quente que o normal, em relação ao modelo padrão. Isso reforça temporariamente a tendência ao aquecimento global a longo prazo. O período de um futuro aquecimento está associado a uma probabilidade acentuada indo de temperaturas intensas a extremas.

Essas informações podem ser comparadas com uma publicação na *Nature Geoscience* (2018), cujos resultados são fundamentados em dados de observação de três períodos quentes ao longo dos últimos 3,5 milhões de anos, quando o mundo estava de 0,5 °C a 2 °C mais quente que as temperaturas pré-industriais do século XIX. Kennedy *et al.* (2017) examinaram os três períodos quentes mais bem documentados, o óptimo térmico do Holoceno (entre 5 mil e 9 mil anos), o último período interglacial (entre 129 mil e 116 mil anos) e o período quente do Plioceno médio (entre 3,3 milhões e 3 milhões de anos). Essa pesquisa indica que o aquecimento dos dois primeiros períodos foi causado pelas mudanças previsíveis da órbita terrestre, ao passo que o evento do Plioceno médio foi o resultado de concentrações atmosféricas de dióxido de carbono, entre 350 e 450 ppm — aproximadamente as mesmas de hoje.

Esse período quente do Plioceno, segundo Kennedy *et al.* (2017, p. 23),

> intriga os cientistas há vários anos devido às similaridades com a era atual. Porque, além da geociência, vários estudos permitiram mostrar a que ponto as duas épocas eram semelhantes em respeito ao nível de CO_2 atmosférico.

Esses exemplos com escalas diferentes de tempo têm o mérito de demonstrar que os principais indicadores (gases do efeito estufa,

temperaturas terrestres e oceânicas, regiões árticas e antárticas, precipitações e secas, e furacões) interagem de maneira contínua, confir-
mando assim as tendências de um aquecimento planetário. Será que
essas informações recebidas são provas para tomarmos consciência
disso? Não haveria um problema de aprendizado que nos impede de
enxergar a realidade e, por conseguinte, tomarmos consciência dela?
Promover a ação climática poderia ultrapassar essa questão?

A princípio, devemos nos questionar sobre a mudança espe-
rada em termos de comportamento humano como resultado de tal
processo de evolução do conhecimento do clima. Hoje, não se trata
mais de um problema de falta de conhecimentos, mas, sobretudo, de
contextualização dos já existentes. É uma condição essencial para a
eficiência do funcionamento cognitivo. Será preciso levar em consideração essa dimensão "cognitiva" no que começa a ser lentamente
percebido como um "Novo Regime Climático" (LATOUR, 2017, p. 109).
Aqui, nós nos referimos a transformações de tipo antropoecológico,
de desenvolvimento e de progressões modelizadas mais ou menos
lineares, de evoluções do conhecimento, ou ainda de modificações mais
brutais, resultantes de crises de ruptura, por meio das representações
que temos disso. A resposta para tal questão tem uma importância
primordial, porque contém uma visão do mundo e, sobretudo, uma
definição, inclusive uma conscientização de que estamos vivendo uma
profunda mutação de nossa relação com o mundo.

A principal dificuldade é como responder ao desafio importante
das políticas climáticas que devem ser conduzidas em várias escalas
(global, nacional e local). Segundo os contextos, as políticas devem integrar a luta contra o aquecimento global, levando em consideração a
diferenciação das escalas (espaço-tempo) e tendo a forma de um plano
climático. Apesar de haver um amplo consenso sobre a realidade das
mudanças climáticas causadas pelo aumento dos gases de efeito estufa
ligados às atividades humanas, as comparações entre os dados nunca
serão as mesmas segundo as regiões e as escalas às quais nos referimos.
Em certos casos, uma simulação e uma leitura a partir de informações
enviadas por satélites meteorológicos podem ponderar o aquecimento em

uma dada região. Por outro lado, enquanto essas projeções de cenários climáticos parecem fiáveis para as mudanças de amplitude moderada durante as próximas décadas, esses mesmos cenários subestimam, provavelmente, as futuras mudanças climáticas, em particular, nas projeções de resposta a longo prazo, e outras atividades humanas correm o risco de causar pontos de inflexão da biosfera em toda uma série de ecossistemas e em diferentes escalas. Segundo Lenton *et al.*, "a urgência mais evidente seria chegarmos a uma sequência mundial de pontos de inflexão que conduziria a um novo estado climático" (2019, p. 543).

Finalmente, nesse difícil exercício de um "conhecimento do conhecimento" climático, o objetivo consiste em unir explicitamente, e de uma maneira que possa ser em seguida compartilhada, o que não se sabe até agora (o desconhecido, o impensado, parecendo então como novo) e o já conhecido. Qualquer que seja a disciplina, seu campo, seus métodos ou o paradigma ao qual ela se refere, o aluno não pode economizar os conhecimentos anteriormente adquiridos, mesmo se eles tiverem sido, em seguida, questionados (ARDOINO, 2000). No que nos diz respeito, buscamos atingir a relação da inseparabilidade e da interação-retroação entre qualquer fenômeno e seu contexto, e de qualquer contexto com o contexto global — planetário (MORIN, 1993).

O GLOBAL DE UM "NOVO REGIME CLIMÁTICO"

O global é mais que o contexto, é o conjunto que contém partes diversas que estão ligadas a ele de modo interativo-retroativo ou organizacional. Assim, uma sociedade é mais que um contexto, é um conjunto organizador do qual fazemos parte. O planeta Terra é mais que um contexto: é um conjunto, ao mesmo tempo, organizador e desorganizador do qual fazemos parte (MORIN, 2000, p. 37).

Apesar de o sistema climático não reconhecer nenhuma fronteira nacional, as pessoas, os governos e as empresas reconhecem. A vigilância e a compreensão do sistema climático na escala local e nacional são essenciais para que os países possam desenvolver sua resiliência perante um clima em mutação (KENNEDY *et al.*, 2017, p. 23).

A questão não é saber como contextualizar a complexidade do fenômeno climático perante os defeitos de um pensamento compartimentado, mas como compartilhar outra visão do mundo, "encarar os mesmos desafios, diante de um cenário que podemos explorar em concertação" (LATOUR, 2017, p. 116). Estamos em uma situação ambivalente; devemos encarar, por um lado, um *deficit* intelectual para caracterizar a complexidade de nosso "novo" mundo e, por outro lado, um *deficit* de práticas comuns. Achamos que o principal problema do que chamamos agora de "Novo Regime Climático" (LATOUR 2017, p. 82) é que precisamos aprender a substituir o *deficit* intelectual por uma inteligência criativa e o *deficit* de prática comum por uma conscientização do "senso comum", em um processo de "alfabetização sobre as mudanças climáticas". Consideramos o termo alfabetização como a aquisição e a reorganização dos conhecimentos globais e transversais que permitem acabar com todas as divisões e todas as separações artificiais que, às vezes, limitam nosso modo de pensar e nossas relações interindividuais.

> A relação do ser humano com a natureza [entre ela o clima] não pode ser concebida de maneira restritiva nem disjunta. A humanidade é uma entidade planetária e biosférica. O ser humano, tanto natural como sobrenatural, deve estar enraizado na natureza viva, física, mas emerge dela e distingue-se dela pela cultura, pensamento e consciência (MORIN, 2000, p. 78).

Nessa perspectiva de uma relação do ser humano com a natureza e o clima, como podemos lutar contra o aquecimento global sem mergulhar em uma visão restritiva e disjunta? Os cientistas dizem que o único meio realista hoje é reduzir as emissões dos gases do efeito estufa — CO_2 —, mas como? Por meio de que abordagem, global, local e onde? Quais são os principais países afetados? O planeta inteiro ou apenas uma parte dele?

É preciso começar compreendendo que

a reconstrução do clima do passado oferece a ocasião para aprender como o sistema terrestre reage com fortes concentrações de dióxido de carbono atmosférico (CO_2). Para obter informações sobre o estado da atmosfera antes do começo dos registros instrumentais, utilizamos combinações de modelos (proxies) nos quais as características físicas das condições ambientais passadas estão preservadas. Minúsculas bolhas de ar antigo capturadas nos núcleos de gelo, que se formam quando uma nova neve se acumula no topo e se solidifica em gelo, podem ser medidas diretamente e oferecer uma amostra da composição da atmosfera no passado (OMM, 2018, p. 12).

Além disso, como Canadell *et al.* (2017, p. 12) afirmam,

a avaliação exata das emissões de dióxido de carbono (CO_2) e de sua redistribuição na atmosfera, nos oceanos e nas terras — a "cota de carbono mundial" — nos ajuda a entender como os seres humanos modificam o clima da Terra, apoia a elaboração de políticas climáticas e melhora as projeções das mudanças climáticas futuras.[5]

---

5. Segundo esses autores, "as emissões de dióxido de carbono oriundas dos combustíveis fósseis e da indústria aumentaram durante décadas com pausas apenas durante os desaquecimentos econômicos mundiais. Pela primeira vez, as emissões estagnaram entre 2014 e 2016, apesar de a economia mundial ter continuado a crescer. Entretanto, o CO_2 se acumulou na atmosfera em taxas sem precedentes, próximas a três partes por milhão (ppm) por ano em 2015 e 2016, apesar de as emissões de combustíveis fósseis terem permanecido estáveis [...]. Essa dinâmica surpreendente foi provocada por um forte aquecimento causado pelo El Niño em 2015 e 2016, quando o sequestro de carbono terrestre foi menos eficiente na eliminação do CO_2 atmosférico e quando as emissões dos incêndios foram superiores à média (em 2015). Os dados preliminares para 2017 mostram que as emissões dos combustíveis fósseis e da indústria tiveram um aumento de 1,5% [...], passando de 36,2 ± 2,0 bilhões de toneladas de CO_2 em 2016 a um nível recorde de 36,6 ± 2,0 bilhões de toneladas em 2017 — ou seja, 65% mais alto que em 1990" (CANADELL *et al.*, 2017, p. 10).

A mudança planetária profunda pode se tornar abstrata para qualquer um enquanto for apenas um conjunto separado de suas partes. A concepção dominante das mudanças climáticas, como ela existe no universo disciplinar do fenômeno clima e como continua sendo aceita por uma parte da comunidade científica de hoje, considera o "evento clima" como um conjunto de um todo (holismo) e não como do todo às partes (complexo). Nesse sentido, essa seria uma maneira de representar as coisas e os eventos do mundo global sem "horizonte". Mas, o horizonte global deve continuar a buscar a relação da inseparabilidade e da interação-retroação entre qualquer evento e seu contexto. Trata-se de se conseguir pensar o múltiplo no uno e o uno no múltiplo.

No projeto GYCP (2014), tentamos compreender como os estudantes do Ensino Médio apreendiam esse raciocínio entre o global, o nacional e o local de um ponto de vista da compreensão do desajuste climático, sem mergulhar em um tipo de determinismo. Levantamos a ideia de que, para se compreender os fenômenos, era preciso globalizar o local por meio de uma abordagem reflexiva e de uma práxis de interação-retroação para compreender o mundo global. Essa abordagem integra uma compreensão dos eventos ligados às mutações climáticas e a seus impactos em termos de capacidade de ação. A ação orientada para as questões climáticas entra rapidamente em um jogo de interação-retroação "político", "ecológico", "social", entre outros exemplos, do mundo global.

Nossa experiência, a partir de um diálogo permanente entre cientistas, professores e estudantes do Ensino Médio, mostra que essa forma de interação, retroação, suscita uma consciência intrínseca do sentimento de pertinência a uma "comunidade de destino" planetária, um tipo de comunidade de compartilhamento, porque as realidades de um novo regime climático nos obrigam a olharmos para a biosfera. Mas, essa consideração levanta duas observações. Por um lado, quando tomamos consciência da importância de nosso destino planetário, podemos estabelecer intrinsecamente um paralelo entre duas escalas e dois processos: o local e o global, dois regimes das mudanças climáticas em um quadro de reflexão mais amplo que pode oferecer ao aluno uma melhor compreensão dos fenômenos. Por outro lado, tal abordagem pode evidenciar a complexidade do real — em particular, a dimensão humana — que é ignorada pela pesquisa científica sobre as mudanças climáticas em razão de uma simplificação do objeto de estudo. Nessa linguagem de descrição (e de prescrição), as previsões científicas desenvolvidas pelos climatologistas, pelos ecologistas, pelos modelizadores de maneira geral seguem uma cadeia causal inspirada em modelos lineares, oferecendo apenas soluções em que a dimensão humana é praticamente ausente. Nesse sentido, nada deve acontecer a princípio. Nessa mesma ordem de ideias, qualquer modelo é no máximo uma representação aproximativa da realidade. Mas se essa aproximação permitir suscitar e melhorar nossa compreensão da questão climática, ela será, então, cientificamente útil como conhecimento pertinente (BERTHET, 2018).

UMA PLURALIDADE DE OLHARES DO FENÔMENO CLIMA

Como acabamos de ver em relação à problemática climática, a inteligência parcial divide o complexo do mundo em fragmentos disjuntos, fraciona os problemas, separa o que está ligado, unidimensionaliza o multidimensional (MORIN, 2001).

Ninguém contesta a multidimensionalidade do evento climático, mas ela é muito pouco considerada na reflexão. Sabemos disso, o problema do clima pode rimar com crise ecológica (extinção da biodiversidade, diminuição dos recursos, entre outros), crise econômica (incertezas no sistema financeiro e perdas econômicas causadas por eventos extremos), crise social (retrocesso da democracia), entre outros. Os componentes das mudanças climáticas evoluem em função dos indivíduos, dos períodos e do contexto, mas o problema do clima abrange múltiplas dimensões.

Segundo Morin (2000, p. 38):

O conhecimento pertinente deve reconhecer essa multidimensionalidade
e inserir seus dados nela. Não apenas não sabemos como isolar uma
parte do todo, mas tampouco sabemos como separar as partes entre
elas. A dimensão econômica, por exemplo, está em interações-retroações
permanentes com todas as outras dimensões humanas. Além disso, a
economia traz em si, de maneira hologramática, necessidades e paixões
humanas que ultrapassam os interesses econômicos.

É por essa razão que a ideia da multidimensionalidade dos eventos do desajuste climático e das situações causadas por ele constitui
uma das noções mais ricas para a compreensão dos eventos complexos. A abordagem multidimensional ligada à questão climática deve
ser apreendida segundo a ótica geofísica, biológica, socioecológica,
antropolítica, econômica e ética, e estar ancorada na ideia de meio
ambiente em sua acepção, ao mesmo tempo, de um meio ambiente
global (biosfera) e do meio ambiente local (território), e de uma interação-retroação entre o Homem e seu ecossistema. A visão multidimensional do aquecimento global depende, então, de um pensamento
radical, que vai até a raiz dos problemas (ou seja, inscreve-se no longo
percurso da história geológica), e de um pensamento organizador, que
integra as diversas dimensões do fenômeno das mudanças climáticas,
concebendo a relação das partes ao todo e do todo às partes. Um pensamento multidimensional que reconhece a imperfeição e negocia com
a incerteza. O que nos interessa aqui é associar uma pluralidade de
olhares, tanto concorrentes quanto, eventualmente, mantidos unidos
por um conjunto de articulações, inclusive, de conjugações dialógicas.
Os diferentes sistemas de referência, recíproca e mutuamente distin-
tos, interrogam o objeto clima a partir de suas perspectivas e de suas
lógicas respectivas, e questionam-se, se necessário contraditoriamente,
alteram-se e elaboram significações cruzadas, segundo a história.

Caminhar em direção do multidimensional é continuar avançando
para mais longe em direção a um horizonte infinito (LATOUR, 2017).

Por outro lado, se virarmos para o lado oposto, ou seja, em direção a um lugar unidimensional, seria na esperança de reencontrar a segurança, uma fronteira estável e uma identidade assegurada.

Então, para tornar visível a complexidade das mudanças climáticas, para tornar compreensível a incomensurabilidade dos eventos de degradação da biosfera, para tornar visível o invisível do cenário geográfico e temporal, o caminho a ser tomado é a complexificação final, que é mais que incerta. Assim, à medida que o mundo se torna mais complexo e interconectado, mudanças incrementais fáceis de serem administradas cedem lugar à instabilidade dos círculos de interação-retroação, com efeitos limiares e pouco significativos, além de interrupções sequenciais. As rupturas súbitas e dramáticas — os choques futuros — tornam-se mais prováveis, mas o provável pode se tornar improvável.

Ao perigo ecológico adiciona-se o medo de negligenciar a multidimensionalidade das mudanças climáticas que constitui um fator-chave

> de grande problema ecológico, mas ele não pode ser disjunto dos canteiros da transição ecológica, da biodiversidade, do desmatamento, da agricultura industrial, da desertificação dos solos férteis, da escassez de alimentos, dos deslocamentos das populações, da degradação social, entre outros, consequências dos eventos climáticos. Todos esses temas formam um "todo" indivisível (MORIN, 2017, p. 104) e multidimensional.

A COMPLEXIDADE DA "MUDANÇA CLIMÁTICA"

Inúmeros fatores influenciam as mudanças nos sistemas complexos do clima. No contexto de nossas sociedades-mundo, os elos entre os sistemas sociais, políticos, econômicos e ambientais, bem como seu impacto na estabilidade e na durabilidade, suscitam um interesse crescente (LUBCHENCO, 1998; GOODLAND, 1995; KARUNANITHI *et al.*, 2011).

O sistema clima e seu funcionamento de extrema complexidade são regidos pela circulação geral da atmosfera e por múltiplas interações-retroações entre o Sol e os diferentes reservatórios — a atmosfera e sua composição química, as nuvens, os oceanos e a hidrosfera, a criosfera, a litosfera e a biosfera —, segundo um espectro bem amplo de escalas de tempo (do dia ao milhão de anos) e de espaço — local, regional e global.

Conforme Krinner (2018, p. 1),

> Na escala global, o clima da Terra variou, varia e vai variar em todas as escalas do tempo, da centena de milhões de anos à década. A temperatura média global na superfície e o volume global do gelo (por meio de seu efeito sobre o nível dos mares: quanto mais gelo houver sobre os continentes sob a forma de bancos de gelo como os da Groenlândia ou da Antártica hoje, mais baixo será o nível dos oceanos) são naturalmente indicadores privilegiados para caracterizar o clima e sua variabilidade. Na escala mais local, todas as características ambientais influenciadas pelo clima (geleiras de montanha, vegetação, lagos, entre outros) podem servir de indicadores do clima.

Em relação às discussões sobre as variações de temporalidades das escalas, segundo Le Treut, "é preciso provavelmente separar duas escalas de tempo: o horizonte de várias décadas e o horizonte mais remoto" (Comunicação Pessoal). Essa questão do tempo engloba não apenas uma importância cognitiva em termos de percepção, mas também em termos de estratégia política que deve combinar incessantemente o horizonte de meio prazo e o horizonte de longuíssimo prazo. Para elaborar uma estratégia política no caso das mudanças climáticas, é preciso a consciência das interações entre os campos e os problemas que ela não pode tratar de maneira isolada.

Tomemos o exemplo da transição ecológica. Ela deve fazer a convergência de vários campos e problemas de um nível de complexidade importante, isso requer uma profunda transformação da sociedade, mas, hoje, estamos longe disso. Um dos campos mais emblemáticos e cujos desafios são consideráveis é a diminuição das emissões dos gases do efeito estufa, por conseguinte, uma verdadeira política de descarbonização da sociedade. Temos apenas medidas aparentes. A transição é complexa porque precisamos de uma transformação de envergadura, de uma mudança do sistema socioeconômico e de uma revolução da maneira como industrializamos os desenvolvimentos tecnológicos.

Existe um grande debate sobre a maneira como a situação e as mudanças de regime devem ser avaliadas nos sistemas múltiplos, em particular, porque os sistemas mudam constantemente, ou seja, eles sofrem flutuações periódicas (SCHEFFER *et al.*, 2009). Por conseguinte, é difícil ter certeza de que um evento importante ou uma mudança de regime esteja acontecendo, principalmente, durante as primeiras etapas da transição. Um regime é geralmente caracterizado por modelos observáveis, que podem flutuar dentro de certo parâmetro de variações mantendo, ao mesmo tempo, uma condição geral. Definimos um sistema dinâmico ordenado como um sistema observável persistente (EASON *et al.*, 2016). Modelos mais estáveis representam um sistema mais ordenado. Esse não é o caso de certos eventos climáticos.

Quando observamos o caso das situações extremas, os modelos do IPCC preveem que os riscos associados aos eventos excepcionais continuam aumentando paralelamente ao aumento da temperatura média no mundo (ECKSTEIN; KÜNZEL; SCHÄFER, 2018). Entretanto, o elo entre certos eventos meteorológicos e as mudanças climáticas situa-se nas fronteiras da incerteza científica. De modo geral, inúmeros estudos concluem que a "frequência", a intensidade e a duração observada de certos fenômenos meteorológicos extremos mudaram com o aquecimento do sistema climático. No entanto, não é fácil estudar o impacto das mudanças climáticas a partir de um único evento meteorológico, essa não é uma questão abordada pelos cientistas.

Além disso, o modo como os fatores subjacentes, que contribuem para os eventos meteorológicos extremos, são influenciados pelo aquecimento global fornece mais conhecimentos. Por exemplo, temperaturas mais elevadas intensificam o ciclo da água, causando mais secas, bem como inundações, pelo solo mais seco e pela umidade acentuada.

De nosso ponto de vista, esse processo de evento extremo pede, para poder ser reconhecido como complexo, a inteligibilidade de uma pluralidade de constituintes heterogêneos, inscritos em uma história climática, ela mesma aberta às incertezas e aos acasos de um futuro.

Finalmente, quando unimos essa discussão à experiência vivenciada com os jovens do Ensino Médio, constatamos que essa complexidade leva rapidamente a uma preocupação importante perante a imensa e vertiginosa dimensão da tarefa do professor e do aluno. Isso causa uma atitude bloqueadora, pois como intervir sem compreender tudo? Assim, abre-se um caminho em direção de uma nova forma de compreensão e de cooperação em torno da crise da biosfera e outra leitura, um novo olhar plural da realidade (mundo), do objeto (clima e ecossistema), do tema (as novas gerações) e, em última análise, da linguagem e do modo de pensar (consciência).

Questão: Será que devemos, em primeiro lugar, aprender os problemas ambientais e socioambientais locais para, em seguida, compreendermos a globalidade?

CAPÍTULO 3

Ensinar a condição humana sobre as mudanças climáticas

*"Como Darwin descobriu a lei da evolução da matéria orgâ-
nica, Marx descobriu a lei da evolução da história humana"*
(Stephen Jay Gould).

Ensinar a condição humana sobre as mudanças climáticas pode parecer incoerente para alguns, no entanto, o conhecimento humano deve ser, ao mesmo tempo, muito mais científico, muito mais filosófico e, finalmente, muito mais poético do que ele é.

Será que devemos englobar o destino da hominização na ideia de um Novo Regime Climático? O campo de observação e de reflexão da condição humana é um laboratório bem vasto, a biosfera, seu passado, seu futuro e também seu fim com os arquivos humanos que começaram há mais de sete milhões de anos (BRUNET, 2016).

Como o paleontologista Brunet afirma, "a história de nossas origens é pontuada por alterações climáticas sucessivas, entretanto, não é uma tendência linear" (BRUNET, 2016, p. 55). Como o clima é uma realidade exterior a nós, nós a construímos social, histórica e eticamente. Como as futuras gerações de cidadãos poderão pensar seus problemas climáticos e os problemas de sua época?

Morin (2000, p. 40) propõe alguns questionamentos:

> Conhecer o Homem é, em primeiro lugar, situá-lo no universo, e não o suprimir dele. Como vimos, todo o conhecimento deve contextualizar seu objeto para ser pertinente. "Quem somos?" é indissociável de um "Onde estamos?", "De onde viemos?", "Para onde vamos?". Interrogar nossa condição humana é interrogar, primeiramente, nossa situação no mundo.

Estamos assistindo, nesses últimos anos, a um afluxo de novos saberes e de novas descobertas e, paradoxalmente, nesse começo do século XXI, eles não nos permitem esclarecer nossa condição humana em relação aos desajustes climáticos. Quem está por trás de todas as nossas reconstruções mentais e construções sociais das mudanças climáticas? Uma "verdadeira" realidade "velada", inclusive, escondida (MORIN, 2017b). A grande dificuldade da realidade humana que enfrentamos é que sua historicidade não se encontra na mesma escala espaciotemporal que a de nosso cotidiano, sem dúvida, tampouco, a das sociedades humanas. A história humana enfrenta novos problemas: não quanto ao próprio fim como esgotamento das capacidades criativas e imaginárias do político, como anunciou anteriormente Marcuse em *L'Homme unidimensionnel* (1986), mas sobretudo quanto a sua aceleração e a sua transformação impulsionadas pelo mecanismo climático iniciado durante o século XX. A história objetiva/subjetiva do clima é uma fração da história objetiva de nosso planeta, uma história que nos precede e nos excede, logo, que nos inclui obrigatoriamente. Sobre as mudanças climáticas, o destino climático/sociedade/consciência está em jogo repetida e incessantemente. "A história desafia qualquer previsão. Seu futuro é aleatório, sua aventura sempre foi, sem que soubéssemos, apesar de agora já devermos saber, uma aventura desconhecida" (MORIN, 2001, p. 225).

A CONDIÇÃO GEOLÓGICA E HUMANA

Essa parte tem como objetivo reunir e organizar os conhecimentos dispersos nas ciências da paleontologia, geofísica e geologia, bem como nas ciências do clima, para compreender a relação estreita existente entre a condição geológica e a condição humana. Do ponto de vista paleontológico, Brunet (2016, p. 156) afirma que

> existe um elo estreito entre nossa evolução e o meio ambiente [...]. A história da Terra é uma evolução de 4 bilhões de anos pontuada pelas oscilações dos oceanos e por uma série de retrocessos e transgressões marinhas.

Como conseguir reconstruir esse relato da dimensão geológica em sua relação com o sistema clima? Segundo Ricordel-Prognon, Medard e Quesnel (2009, p. 57),

> O clima sempre esteve no âmago das preocupações da geologia, porque sua influência é importante na geodinâmica externa, ou seja, nos processos que afetam as rochas perto da superfície. Nos climas tropicais quentes e nos climas tropicais quentes e úmidos, os processos de alteração climática por hidrólise são dominantes.

Sabemos que o clima variou ao longo da história geológica. Os dados fornecidos pelos fósseis e outros indicadores, como o diâmetro dos anéis de crescimento das árvores, a taxa de crescimento dos organismos marinhos e os tipos de vegetação revelados pelos polens fósseis, provam claramente que o clima da Terra foi caracterizado por alternâncias entre períodos quentes ou frios desde sua origem. Todos esses indicadores indiretos das variações climáticas são chamados de "arquivos climáticos"; podemos falar de arquivos geológicos para os que são relativos especificamente à interação entre o clima e a crosta terrestre. A paleoclimatologia, que estuda esses arquivos, mostra que as variações climáticas aconteceram nas diversas escalas de tempo (BARD; FRANK, 2006), da centena de anos à centena de milhões de anos.

Na escala dos "tempos geológicos", para períodos da ordem do milhão ao bilhão de anos, as variações climáticas globais são, com frequência, ligadas a processos de uma amplitude muito grande, como a evolução da vida e a tectônica de placas. Ligada à vida, a composição da atmosfera terrestre em CO_2 também é fortemente dependente de fatores estritamente geológicos, como as emissões de CO_2 pelos vulcões ou por sua conversão em carbonato de cálcio. Por um lado, a tectônica de placas determina a configuração das massas continentais (mais ou menos reunidas ou dispersas segundo as épocas) e sua posição em relação aos polos ou ao equador. A máquina climática tem como base os múltiplos eventos em um jogo de interação física, química, biológica e humana. "Em um século e meio, o homem reinjetou na atmosfera 545 bilhões de toneladas de carbono em forma de CO_2" (CEA, 2015, p. 2) que a natureza levou centenas de milhares de anos para armazenar. Dessas emissões de origem antrópicas, 240 bilhões de toneladas acumularam-se na atmosfera, o restante foi capturado pelos oceanos e pelos ecossistemas naturais terrestres.

Logo, a questão da condição geológica é fundamentalmente humana. Porque é realmente em nome e graças ao conhecimento de sua história objetiva que a humanidade está se questionando sobre seu futuro — do que está por vir — e sobre as consequências objetivas de suas atividades sobre a Terra, que é "quem a alimenta" e é seu alimento — "nossa Terra-Pátria" (MORIN, 1993).

Paradoxalmente, o que os geólogos escolheram para chamar de período da história (as fronteiras do Período Ordoviciano) importa pouco para o resto da humanidade. O que dá manchetes é a nova geologia: a noção de "Antropoceno" (CRUTZEN *apud* STEFFEN *et al.*, 2008). É um dos momentos em que uma conscientização científica, como Copérnico entendendo que a Terra gira em torno do Sol, poderia mudar fundamentalmente a visão do mundo para além da ciência. Isso significa mais que reescrever alguns manuais. Isso significa refletir de novo sobre a relação entre nossa condição humana e o mundo exterior, e agir adequadamente: "Welcome the Anthropocene".[6]

Entretanto, na condição geológica, o Homem continua dividido, fragmentado em peças de um quebra-cabeça que perdeu seu desenho. Agora o problema da invisibilidade humana é levantado. Essa invisibilidade leva à impossibilidade de conceber a unidade complexa das mudanças climáticas, porque os modos de pensamentos das ciências são disjuntivos, pois, segundo Morin (2000, p. 50), concebem

> nossa humanidade de maneira insular, fora do cosmos que nos rodeia, da matéria física e do espírito que nos constituem, bem como pelo pensamento restritivo, que reduz a unidade humana a um substrato puramente bioanatômico.

A CONDIÇÃO BIOLÓGICA E HUMANA

Há várias maneiras de apreender a condição biológica. Por exemplo, a erosão da biodiversidade, pelo desaparecimento maciço de um grande número de espécies, constitui uma referência importante para identificar um horizonte geológico e as ameaças de uma crise antrópica, cujos corolários podem ser a destruição dos ecossistemas (poluição, desmatamento, fragmentação dos *habitats*, entre outros), a pressão excessiva sobre as espécies selvagens (caça, pesca, colheitas ou uso para fins industriais), a proliferação de espécies exóticas introduzidas, o aquecimento global, enfim, as extinções sequenciais que resultam do desaparecimento de uma espécie-chave.

Mas, no início, há o que Morin (2001, p. 23) chama de "enraizamento biológico", ou seja, admitir o princípio de que

> é preciso adicionar nossa implantação terrestre em nossa ascendência cósmica e em nossa constituição física. [Segundo ele], a Terra autocriou-se e

---

6. *The Economist*, 26 de maio de 2011.

auto-organizou-se em sua dependência em relação ao Sol, ela se constituiu em um complexo biofísico a partir do momento em que sua biosfera se desenvolveu [...]. A vida efetivamente se originou da Terra e a animalidade se originou do esforço multiforme da vida pluricelular, então, o mais recente desenvolvimento de um ramo do mundo animal se tornou humano.

Como afirma Bapteste (2017, p. 222), "o mundo biológico se caracteriza por uma multiplicidade de entidades, de moléculas, de células, de organismos, de populações e de comunidades entrelaçadas, inclusive, associadas". Mas o mundo biológico encontra-se "na encruzilhada desses dois elementos universais, a mudança e a complexidade, o desafio lançado aos evolucionistas revela toda sua magnitude" (BAPTESTE, 2017, p. 223). Explicar a diversidade (a origem dos traços, das funções e dos fenômenos biológicos) pede a explicação da implementação, da manutenção e das transformações de um imenso número de organizações no planeta (BAPTESTE, 2017).

Logo, os fenômenos ligados à condição biológica são inseparáveis e estão "entrelaçados", segundo Bapteste, com o aquecimento global que nosso mundo conhece, com muita frequência associado apenas às mudanças climáticas (visão unidimensional). Quando nos referimos à crise da biodiversidade, ela é um evento de mínima importância para muitos, cujas consequências para os humanos continuam sendo puramente éticas ou patrimoniais.

Conforme Grandcolas e Pellens (2017, p. 1),

> É triste ver populações de elefantes, baleias, aves ou sapos diminuírem, mas não é tão grave como alguns dramas humanos, como a escassez de alimentos ou os êxodos causados pelas mudanças climáticas. Isso é um grande erro, porque a perda da biodiversidade e as mudanças climáticas estão intimamente ligadas e juntas são causas de consequências dramáticas para a humanidade.

Desse modo, nossa condição biológica está ameaçada pelas consequências do aquecimento global, como ressaltam Raven *et al.* (2014, p. 189):

No começo do próximo século, enfrentaremos a perspectiva da perda da metade de nossa fauna. Entretanto, estamos apoiados sobre um mundo vivo para sobrevivermos. Isso é assustador. As ameaças das extinções que nossas civilizações estão enfrentando são ainda maiores que as mudanças climáticas, pela simples razão que elas são irreversíveis.

A CONDIÇÃO ECOLÓGICA E HUMANA

De uma maneira bem geral, podemos associar a condição ecológica ao caráter vital indispensavelmente imediato e prioritário dos princípios biológicos sem os quais não há vida. Objetivamente e, logo, ontologicamente no sentido existencial, isso se refere ao significado outorgado a si e aos seres vivos, assentimento por parte do Homem de seu lugar no cosmos e no mundo exterior. Trata-se de um desafio vital, porque a perenidade da humanidade e mais amplamente ainda a possibilidade da vida sobre a Terra estão em jogo... Essa conscientização de um perigo ecológico surgiu com o anúncio da morte do oceano por Ehrlich em 1976[7]. Mais recentemente, esse mesmo autor afirmou, em um boletim da Rockefeller Foundation, que "um colapso da civilização é 'quase uma certeza' nas próximas décadas devido à destruição contínua, pela humanidade, do mundo natural que sustenta toda a vida da Terra" (CARRINGTON, 2018, s. p.). O Relatório Meadows, encomendado pelo Clube de Roma em 1972, já tinha prevenido sobre o desastre ecológico. Segundo alguns, como já nos encontramos há muito tempo em um ponto de ruptura (ou ponto de inflexão), estamos entrando hoje em uma nova era geológica porque o planeta já foi manipulado demais por nós. Percebemos que a ameaça ecológica ignora as fronteiras nacionais, invade e depois ultrapassa para além de um só continente.

Desde o famoso *The Limits to Growth* (Relatório Meadows), essas mesmas preocupações, algumas décadas mais tarde, dão lugar a

---

7. Disponível em: https://www.theguardian.com/cities/2018/mar/22/collapse-civilisation-near-certain-decades-population-bomb-paul-ehrlich.

pesquisas que propõem um novo modelo, combinando a população, a cultura e as inovações tecnológicas, projetando futuros possíveis para a humanidade (*process of cumulative cultural evolution* — CCE) (BURGER, 2017). Esse modelo sugere aprofundar nossa compreensão dos limites críticos que ameaçam a humanidade.

Segundo Burger (2018, p. 15),

> Enquanto a relação entre a utilização dos recursos, a população e a inovação já foi objeto de uma atenção considerável por parte de pesquisadores como: Ester Boserup, Leslie White, Fred Cottrell, Howard Odum, Herman Daly, Paul e Anne Ehrlich, e o Clube de Roma, esse novo modelo tenta reunir os processos dinâmicos da ecologia, da demografia, da cultura e da tecnologia que subentendem a sociedade humana em uma forma matemática simples.

A condição ecológica consiste então em uma conscientização dos problemas globais relativos ao perigo ecológico, que ameaçam nosso planeta a partir de provas científicas, como demonstram claramente as pesquisas de Schramski *et al.*, para quem

> as provas científicas são claras: o descarte rápido da biomassa armazenada na Terra (por exemplo, nas plantas e nos animais) e pela energia fóssil para alimentar um sistema humano em pleno crescimento tem efeitos alarmantes no clima, na biodiversidade e na geografia física do planeta (SCHRAMSKI *et al.*, 2015 *apud* BURGER, 2018, p. 15).

In fine, o *process of cumulative cultural evolution* propõe diferentes cenários de como poderá ser o futuro da humanidade.

Trata-se de ultrapassar a visão unidimensional da deterioração da biosfera focalizada apenas por meio da problemática do clima. A biosfera não possui potencialidades de autorregeneração e de defesa imunológica que lhe permitam salvaguardar-se. A condição ecológica nos leva a uma conscientização do perigo global que ameaça o planeta. Resta saber se o desafio do planeta e a necessidade de perturbar nossos raciocínios podem nos obrigar a reconciliar duas formas de progresso hoje, com muita frequência, antiéticas: o progresso tecnológico — que nunca atingiu tais níveis — e o progresso humano — longe de seguir uma curva comparável, se observarmos o "estado da humanidade". Como fazer trabalhar conjuntamente progresso tecnológico e progresso humano enquanto dinâmicas se ambos se encontram dissociados a esse ponto (MORIN, 2017a)?

A CONDIÇÃO ANTROPOLÓGICA

Como propusemos anteriormente, o discurso dominante sobre as mudanças climáticas está cada vez mais focado nas questões da geociência, da biociência e, de uma maneira mais "mecânica", na adaptação ambiental das populações. Hoje, parece que sabemos muito mais, em um contexto em que a experimentação científica (modelos, cenários e simulação) se desenvolveu para atingir uma robustez imensa em termos de conhecimento de nossa biosfera. Entretanto, no contexto contemporâneo das mudanças climáticas, é preciso se recentrar na dimensão antropológica e etnográfica. Como Crabe e Nuttall afirmaram em 2009, "o aquecimento global introduz novas disjunções e desigualdades entre os mundos locais, enquanto sabemos que o meio ambiente está sendo desestabilizado" (2009, p. 19). O global é aquilo que engloba o local fazendo, ao mesmo tempo, parte dele. Precisamos de novas etnografias para mostrar como esse desequilíbrio é produzido e como as pessoas são literalmente afetadas, à medida que a natureza se desenvolve escondida da natureza (HASTRUP *apud* CRATE, 2011).

É nesse sentido que a condição antropológica, ou seja, que engloba "regras, normas, estratégias, crenças, ideias, valores, mitos e ritos, que se perpetua de geração em geração, que é reproduzida em cada indivíduo, e que gera e regenera a complexidade antropossocial" (MORIN, 2001, p. 102), está ausente e, inclusive, é ignorada de um ponto de vista reflexivo. Mas a abordagem antropológica das mudanças climáticas resulta, inevitavelmente, em um reducionismo, ou seja, ela insiste em abordar a capacidade de adaptação e de resiliência dos indivíduos em uma perspectiva plana e, inclusive, trivial, afirmando que "a adaptação pede novos aprendizados e novas colaborações" (MORIN, 2001, p. 102).

Apesar de podermos reconhecer que a resiliência, ao mesmo tempo social e ecológica, constitui

> um aspecto crucial [em termos] de durabilidade dos meios de subsistência locais e da utilização dos recursos, [...] ainda nos faltam conhecimentos sobre a maneira como as sociedades reforçam sua capacidade de adaptação perante mudanças (CRATE; NUTTALl, 2009, p. 22).

Essa compreensão continua sendo, intelectualmente falando, insuficiente ao se focalizar na adaptação. Essa insuficiência seria em razão do fato de a abordagem antropológica ter problemas para conceber uma arquitetura conceitual suficientemente sólida para ultrapassar os desafios intelectuais e práticos que as ciências humanas enfrentam perante as mudanças climáticas. Ela não pode se contentar com a questão banal de uma relação ao tempo ou relações entre as sociedades e seus meios e sua adaptação. É preciso evitar essa forma de antropologia restritiva. Perante a aceleração do sistema clima, a questão não seria sobretudo: como nossas sociedades estão se organizando para enfrentar as ameaças?

Segundo Morin (2001, p. 60), no fundo, a condição antropológica é

> o problema epistemológico-chave de um conhecimento e de uma compreensão do Homem: não é possível para o pensamento disjuntivo, que separa o homem biológico do homem social, e para o pensamento restritivo, que reduz a unidade do Homem a um substrato puramente bioanatômico, conceber o múltiplo no uno e o uno no múltiplo.

Assim, como a condição antropológica se tornou invisível e ininteligível, o Homem desaparece em benefício do CO_2, dos bancos de gelo polares, da elevação dos oceanos, da adaptação plana, entre outros, ao custo de um processo estruturalista demais.

> Devemos fazer com que a curva mundial das emissões ceda no mais tardar em 2020 e atingir uma economia mundial isenta de combustíveis fósseis até 2050. Sim, essa é uma grande transformação. Será possível? Sim. Será um sacrifício? Não. A prova de que um mundo descarbonizado é um mundo mais amigável aumenta a cada dia (ROCKSTRÖM, 2017, p. 8).

> A dificuldade profunda é então conceber a unidade múltipla, a multiplicidade do uno. Aqueles que veem a diversidade das culturas tendem a minimizar ou a ocultar a unidade do Homem, aqueles que veem a unidade do Homem tendem a considerar a condição à diversidade das culturas como secundária (MORIN, 2001, p. 60).

Em que medida a condição antropológica pode encontrar, não as formas de adaptação, mas as possibilidades de auto-organização, criando novos saberes e novas estratégias, crenças, ideias, valores, pitos, ritos, entre outros, no contexto das mudanças climáticas?

Podemos compreender facilmente, ao lermos a obra de Crate e Nuttal (2009), a ressonância do projeto antropológico em relação com os eventos climáticos. A ideia de uma antropologia crítica permite esboçar uma "antropologia do clima". Mas ela também não pode ser reduzida a um determinismo antropológico. Por outro lado, uma "etnografia climática", segundo os termos de Crate (2011), é importante para a compreensão do caráter múltiplo e singular do evento climático, e sua ligação com os modos de vida e a organização social dominada por um modelo econômico-industrial (meio de produção, de consumo e emissões dos gases do efeito estufa). As consequências dessas emissões — em resposta à dimensão humana — assumem um significado importante nas interpretações antropológicas climáticas, quando é preciso "identificar os problemas ligados às complexidades em vários níveis da experiência humana local em relação às generalidades" (CRATE, 2011, p. 172).

A CONDIÇÃO ANTROPOLÍTICA

Apesar de existir uma conscientização aguda dos limites da ciência sobre questões complexas, por exemplo, o clima, a pesquisa sugere que a política deve ser informada por uma ciência objetiva. As mudanças climáticas são um produto objetivo das atividades humanas e, por conseguinte, de ordem fundamentalmente política e, até mesmo, historicamente política. Nesse sentido, a condição política é da competência da ação eficiente dos indivíduos na compreensão pública das mudanças climáticas. "Confrontada a problemas antropológicos fundamentais, a política é, sem querer e, muitas vezes, sem saber, uma política do Homem" (MORIN, 1993, p. 161).

A condição política é a conscientização de que o planeta se politiza como tal e que a política se globaliza: o aquecimento global é perceptível na escala do planeta e a ameaça contra a humanidade se tornou um problema político importante desde há 20 anos. Isso não impede que muitas pessoas pensem que suas consequências desastrosas afetam apenas outras regiões do planeta, como a citação seguinte relata:

> Mas muitas pessoas pensam que suas consequências desastrosas afetam apenas outras regiões do planeta como o Bangladesh, muito frágil em relação à elevação do nível do mar, ou outros países afetados pelos ciclones cada vez mais violentos ou por secas causadoras de insegurança alimentar (JOUZEL; LARROUTUROU, 2017, p. 23).

Os incêndios devastadores que causam tanto perdas humanas quanto materiais na Califórnia, na Suécia, em Portugal e na Austrália, claramente ligados à canícula e à seca, estão começando a modificar essa ideia. Logo, o impacto do desajuste climático nos ecossistemas se tornou um problema político não apenas local (degradação em termos ecológicos), mas também global (alteração da biosfera). Somos obrigados a constatar o perigo ecológico ou o verdadeiro perigo ao qual a humanidade está hoje exposta, a saber, o impasse ao qual uma forma de capitalismo (*"business as usual"*) globalizado está nos levando.

A condição política não é criar um consenso entre as pessoas pela ação (agenda política consensual), nem convencer das vantagens de uma ação a longo prazo sobre as mudanças climáticas. A condição política abrange todos os aspectos da vida humana e deve assumir o futuro do homem no mundo. É nesse sentido que a condição política deve tratar a multidimensionalidade dos problemas humanos. Ao mesmo tempo, como o desajuste climático se tornou um objeto político importante, e a palavra desajuste significa que precisamos de uma adoção de medidas políticas para o futuro da humanidade, a política está adotando medidas, de maneira pouco consciente e mutilada, para o futuro dos seres humanos no mundo.

> E o futuro do homem no mundo traz em si o problema filosófico, hoje politizado, do sentido da vida, das finalidades humanas e do destino humano. De fato, então, a política é levada a assumir o destino e o futuro do homem, bem como o do planeta (MORIN, 1993, p. 161).

Quando nos referimos à questão "política das mudanças climáticas", de maneira geral, isso é relativo apenas a políticas públicas e/ou acordos internacionais. Abordaremos agora, de maneira mais brutal, a questão política: Por que a inflexão da trajetória planetária relativa às emissões de CO_2 ainda não aconteceu?

Devemos agora

> dialetizar a política e suas dimensões humanas. A entrada de todas as coisas humanas na política deve lhe dar um caráter antropolítico. A ideia da política do homem ou antropolítica não deverá se limitar apenas a todas as dimensões que ela abrange: ela deverá desenvolver a consciência política e a perspectiva política, ao mesmo tempo, reconhecendo e respeitando o que, dentro delas, escapa à política (MORIN, 1993, p. 165).

Como pedra angular da política climática internacional, o Acordo de Paris (2015) abriu uma perspectiva política reconhecendo a atenuação e a resiliência humana em seus principais objetivos. Apesar de essa intenção ainda não se refletir plenamente em decisões concretas, ela contribui, entretanto, à reformulação de uma estratégia de políticas mais setoriais e territoriais, permitindo encontrar respostas sociais às mudanças climáticas.

As observações das condições climáticas extremas nas diferentes regiões enviam um sinal de aviso aos territórios mais afetados para melhor nos prepararmos ao futuro. Em particular, "os países já afetados são provavelmente os mais ameaçados pelas eventuais mudanças futuras das condições climáticas" (ECKSTEIN, 2018, p. 20).

Devemos ser claros: sem uma verdadeira vontade de se focalizar nos desafios das mudanças climáticas, em particular a capacidade de a sociedade enfrentar os danos causados por possíveis desastres, discursos não bastarão; o engajamento deverá ser concretizado por uma preparação eficiente e pela implementação de medidas que respondam ao problema.

Existe uma defasagem entre um discurso de política pública, cheio de boas intenções, mais ou menos eficazes para combater os efeitos das mudanças climáticas, e uma lógica econômica que já mudou consideravelmente a biosfera. Esse é o paradoxo da ação dos poderes públicos que, na teoria, visa proteger a sociedade mundial e os ecossistemas em que ela se baseia, ao mesmo tempo, como Bernstein afirma, fazendo "valer um ambientalismo liberal na ideia de um desenvolvimento sustentável que visa legitimar o crescimento econômico no contexto da proteção do meio ambiente" (2002, p. 6).

Uma política pública orientada para um objetivo de promover uma dialética entre a política e suas dimensões humanas poderia se parecer com o quê? Nesta época em que o dogma da "governança neoliberal" é de regra na esfera do político, uma alternativa ao modelo dominante poderia ser a sugerida por Ciplet e Roberts (2017, p. 155):

> Estar baseada em um consenso científico no nível de esforço necessário a ser fornecido e estar obrigatoriamente fundada em ideais de igualdade, prever mecanismos de regulação baseados na conformidade, privilegiar os ideais de justiça distributiva e não libertária, reforçar, em vez de

enfraquecer, os mecanismos públicos para tratar das necessidades dos países com um financiamento adequado, incorporar múltiplas lógicas de legitimidade (não restrita a uma gestão quantificada e baseada no mercado), e ser construída segundo uma justiça processual e uma tomada de decisão inclusiva.

Reconhecemos que se trata de um conjunto ideal, inclusive de critérios utópicos, para a elaboração de uma política da humanidade adequada para enfrentar as mudanças climáticas e é pouco provável que ela entusiasme quem pode levar a uma mudança brusca no caminho neoliberal em que estamos engajados.

A questão climática é um elemento entre outros no conjunto das ameaças ecológicas. Mas constatamos que a conscientização é lenta! Os políticos e os Estados vivem na lógica do imediatismo.

Segundo Ciplet e Roberts (2017, p. 154),

O neoliberalismo do regime climático transformou dramaticamente os princípios normativos que guiam a ação política (dispositivos institucionais que garantem a conformidade e os processos decisórios que determinam a justiça).

Ao mesmo tempo, esse modelo neoliberal do regime climático, como todo tipo ideal de projeto político, veicula fórmulas que podem ser consideradas como concessões estratégicas, como a economia verde, a transição ecológica, entre outras. Essas ideias de um modelo dominado pelo excesso, pela ostentação, pelo crescimento ilimitado e pelos gastos destruidores de recursos naturais entram cada vez mais em contradição com as reivindicações das novas gerações. "Essa contradição é o nó górdio do capitalismo, que apenas uma mudança de civilização poderia, talvez, cortá-lo" (DUPUY, 2012, p. 137).

A experiência que fizemos com centenas de estudantes de uma imensa diversidade sociocultural mostra que seus pontos de vista são sem ambiguidades, ou seja, eles querem fundamentalmente outro modo de vida...

Suas frases sugerem isso:

- "Acho que chegou a hora de nossa modalidade de vida mudar e chegou a hora de nossa mudança começar."
- "Devemos mudar nossos hábitos agora."
- "Meus filhos vão ter de se adaptar às condições meteorológicas extremas, que vão ser muito frequentes."
- *"My adult life... well I expect not to have the resource available as my parents did... water, air, energy, healthy food. It is all not a given in twenty years the way we are going now."*[8]

Eles estão percebendo que a emergência de uma consciência de si está surgindo, de maneira progressiva, quando observam, escutam, interagem nas discussões com os cientistas ou com os professores. Dessa interação, começam a compreender que as causas do aquecimento global são o resultado do modelo econômico dominante. Nesse sentido, o aprendizado de uma consciência social do clima surge do aprendizado inicial das palavras-chave durante as aulas. Em resumo, cada aprendizado, do mais elementar ao mais complexo, exige que cada um imite modelos, até que esse aprendizado leve a ações concretas. É aprender uma nova visão, a "comunidade de destino" planetário em termos de consciência de si e uma grande consciência social. Tudo isso precisa de uma (re)socialização em grande escala, existe um esforço de reflexão a ser realizado sobre o que devemos dizer, ou seja, o que toca ao mesmo tempo a política e a própria humanidade.

Questão: Será que ainda temos tempo para corrigir os erros das gerações precedentes? Será que isso mudará a situação no futuro?

---

8. *Verbatim* dos jovens durante as discussões participativas em 2017.

CAPÍTULO 4

Ensinar "a identidade terrestre" na era das mudanças climáticas

"O humanismo científico está ultrapassado. Hoje, só podemos oferecer outro humanismo, o humanismo naturalista... Um humanismo então capaz de revolucionar nossa forma de vida a partir de nossa relação com a natureza e dentro dela" (Serge Moscovici).

Podemos nos questionar se é pertinente — ou razoável — compararmos a identidade humana (MORIN, 2001) e as mudanças climáticas, pelo menos em um sentido, talvez, em que a identidade humana, plural e polimorfa, "traz em si a forma total da condição humana que não se dissolve nem na espécie, nem na sociedade" (MORIN, 2001, p. 268). Nessa perspectiva, um primeiro fato a ser observado, que deve nos fazer refletir, é que o discurso político dominante fala de "dever", de "obrigação" e, às vezes também, com uma nuança deliberadamente dramática, de "imperativo" da *humanidade*, em nível planetário, logo, relativo a seu planeta (o possessivo é revelador: sabemos o que vai acontecer!). De qualquer maneira, sabemos que existe e que vai existir um perigo, "a humanidade chegou a um impasse, ou seja, não pode continuar seu caminho no mesmo sentido" (MORIN, 2001, p. 227). Diante desses grandes problemas, a afirmação de uma "comunidade de destino" da responsabilidade humana se mostra como uma abordagem "visível aos olhos de todos para a conscientização de que o problema enfrentado pela humanidade é, ao mesmo tempo, fundamental e global" (MORIN, 2001, p. 228). Ao recusar restringir a identidade humana a uma teoria homogênea e única, o referido autor amplia nosso modo de pensamento, destacando a riqueza e a complexidade de nossos laços sociais, afetivos, imaginários e míticos, na organização social, no quadro dos Estados e na historicidade de nossas instituições. O principal interesse da construção social dessa relação entre identidade humana e mudanças climáticas consiste na exploração dos desafios impostos por um clima em mutação — Novo Regime do Clima —, ao qual a sociedade exige cada vez mais respostas, enquanto a natureza caótica do sistema climático nos limita em termos de precisão das previsões nas escalas de tempo.

Mas devemos compreender que "o destino global da nave espacial Terra" (MORIN, 2001, p. 229) depende de uma formação da consciência do mundo. A educação do futuro, hoje e amanhã, só pode ser desenvolvida se a identidade humana estiver em seu âmago, ao passo que as ciências das mudanças climáticas se esbarram em um parcelamento dos saberes.

Para Morin (2000, p. 67),

as características biológicas do homem foram repartidas nos departamentos de biologia e de medicina; as características psicológicas, culturais e sociais foram divididas e instaladas em diversos departamentos de ciências humanas, de modo que a sociologia foi incapaz de ver o indivíduo, a psicologia foi incapaz de ver a sociedade, a história isolou-se e a economia extraiu do *Homo sapiens demens* o resíduo exangue do *Homo economicus*.

Finalmente, são os indivíduos que iniciam, inspiram, guiam e aplicam suas ações necessárias à redução das emissões dos gases do efeito estufa. Na medida em que reconhecemos o papel crítico dos indivíduos na resposta às mudanças climáticas, o que conta é seu nível de engajamento cognitivo e emocional, bem como a maneira pela qual esse engajamento inspira ou é afetado pelas mudanças comportamentais e pelas atividades cívico-cidadãs e políticas (MOSS *et al.*, 2010).

O problema que nos é levantado, e que surge igualmente da proposta de uma identidade formulada por Morin, é saber como proceder diante de um tecido de relações de interdependência entre a identidade do homem em sua unidade/diversidade e a pluralidade de elementos que engloba as ciências do clima, o "relato" do Antropoceno, os conhecimentos da Terra, da vida, da biodiversidade e as interações sociais de nossa biosfera. Para alguns, Barnosky *et al.* (2012), essas interações passam, antes de tudo, por uma nova estratégia que concilia uma evolução significativa da tecnologia, dos conhecimentos crescentes e uma inteligência criativa na implementação das soluções. Essas abordagens desenham novas pistas e abrem também diretamente um canteiro, o do ensino da condição humana ligado à problemática das mudanças climáticas. Conhecemos os progressos obtidos recentemente relativos à compreensão da variabilidade inerente ao sistema climático da Terra e sua provável reação às influências humanas e naturais. As implicações das mudanças climáticas no meio ambiente e na sociedade não vão depender apenas da resposta do sistema terrestre às mudanças, mas também da maneira como a humanidade vai reagir mudando de tecnologias, de economia, de modo de vida e de política. Há incertezas consideráveis quanto às respostas às mudanças climáticas, que precisam da utilização de cenários para explorar as consequências potenciais das diferentes opções de resposta (MOSS *et al.*, 2012). Essas abordagens buscam melhorar a compreensão das interações complexas entre o sistema climático, os ecossistemas e as atividades e as condições humanas. Quando realizamos a síntese das ideias existentes nas transições em todas as escalas, do local ao global, podemos distinguir a compreensão (aquisição e utilização de conhecimentos factuais corretos sobre as mudanças climáticas), a percepção (pontos de vista e interpretações fundadas em crenças, nos imaginários e na compreensão) e o engajamento (dimensões afetivas e/ou comportamentais) (WOLF; MOSER, 2011).

A ERA DO ANTROPOCENO EM UM "CAOS" CLIMÁTICO

Como Jamieson (2015) salienta muito justamente, o Antropoceno é um conceito interessante para a compreensão de como poderíamos recuperar nossa capacidade de ação e nossa compreensão das coisas para resolver os problemas levantados ao futuro por meio de uma leitura "paradigmática" do Antropoceno. Chegou a hora de mudar de escala geológica. Mas, mais que uma mudança de escala, mais que eventos climático-ecológico-biológicos que vão determinar as características da época planetária na qual entramos, é a irrupção revolucionária da humanidade na vida do planeta que determina os eventos climáticos, ecológicos, biológicos. "A humanidade tornou-se uma força telúrica" (MORIN, 2015, p. 95). De fato, o termo "Antropoceno", inventado por Paul Crutzen, é atualmente utilizado de maneira informal para englobar diferentes mudanças geológicas, ecológicas, políticas e antropológicas na história recente da Terra. As origens do conceito de Antropoceno, sua terminologia e suas implicações geológicas, inclusive, sociopolíticas, são largamente discutidas e, às vezes, questionadas. Vista a definição estratigráfica do Antropoceno (ZALASIEWICZ et al., 2008), duas questões fundamentais são levantadas: será que os humanos mudaram o sistema terrestre a tal ponto que as jazidas geológicas recentes e em formação comportam uma marca distinta da do Holoceno e das épocas anteriores? Se a resposta for afirmativa, em que momento esse "sinal estratigráfico" (não necessariamente a primeira mudança antrópica detectável) tornou-se mundialmente reconhecível? (WATERS, 2016; ZALASIEWICZ et al.,

2008). Será que essas questões podem ser tratadas facilmente fora da comunidade científica especialista?

Quando discutimos com pessoas do mundo acadêmico, elas nos dizem que esse é o tema da moda pelo qual devemos nos interessar hoje. Por outro lado, quando falamos sobre esse mesmo tema com jovens iniciantes, corremos o risco de eles nos olharem como se estivéssemos utilizando um neologismo que eles nunca tinham ouvido falar. Existe uma distinção que Jamieson tenta exprimir para justificar essa diferença e acho que esse argumento pode ser aplicado entre a maior parte das pessoas, porque isso vem da maneira pela qual duas versões diferentes do Antropoceno coexistem de maneira complementar. Logo, é importante distingui-las. A primeira é uma concepção em termos exclusivamente geológicos. É uma concepção muito precisa, ligada à questão de saber se os geólogos seriam capazes de identificar uma camada particular da crosta terrestre que marca uma transição entre duas épocas geológicas: é o que os geólogos chamam de "tempo geológico". Essa ideia da época e/ou da escala geológica escapa da imaginação do homem e a insignificância do homem lhe escapa por conseguinte.

Precisamente, o argumento da época geológica é amplamente discutido em um artigo de Zalasiewicz *et al.* (2008, p. 5), no qual eles demonstram a influência humana no clima do Holoceno e no meio ambiente:

> antes da Revolução Industrial, a população mundial era em torno de 300 milhões de habitantes em 1000, 500 milhões em 1500 e 790 milhões de habitantes antes de 1750 (ONU, 1999), e a exploração de energia se limitava essencialmente à lenha e à força muscular. As provas registradas nos estratos do Holoceno indicam níveis crescentes de influência humana, apesar de os restos humanos e artefatos serem, na maior parte do tempo, raros. Os sinais estratigráficos do meio da época nas zonas povoadas de seres humanos são essencialmente bióticos (pólen de ervas daninhas e cultivares depois do desmatamento para a agricultura) com sinais sedimentares mais ambíguos (como os movimentos sedimentares das regiões desmatadas).

A poluição atmosférica causada pelo chumbo foi registrada nos bancos de gelo polares e nas turfeiras desde a época greco-romana (DUNLAP *et al.*, 2000; DE PAULA; GERALDES, 2003) e, finalmente,

> o começo do Antropoceno foi marcado pela eliminação das florestas pelo homem (RUDDIMAN, 2013) e pelo fato de o homem ter começado a explorar as fontes de energia armazenadas na escala dos tempos geológicos (há aproximadamente 300 milhões de anos) na forma de combustíveis fósseis (BURGER, 2018, p. 16), entre outros.

A atividade humana pode então ajudar a caracterizar os estratos do Holoceno, mas ela criou outras condições ambientais globais que podem ser compreendidas como um sinal estratigráfico fundamentalmente diferente. Desde o começo da Revolução Industrial até nossos dias, a população humana mundial aumentou rapidamente, passando de menos de um bilhão em 1800 a 7,5 bilhões em 2019, e continua aumentando. A exploração do carvão, do petróleo e do gás, em particular, permitiu a industrialização, a construção e o transporte de massa em escala planetária, e as mudanças resultantes englobam uma grande variedade de eventos.

As emissões mundiais de CO_2 atingiram níveis inéditos, o que resulta em uma tendência contínua de concentração mundial de CO_2 atmosférico medido, ultrapassando os 400 ppm de CO_2 em 2019 (SMITH; MYERS, 2018).

Em resumo, como diagnóstico dos tempos em que nos encontramos, a tese do Antropoceno sugere que a humanidade tenha sido o motor responsável pela transformação planetária. A questão seria então saber se as ciências humanas poderiam ter um lugar central na compreensão do processo dessa transformação, bem como a geociência e a biociência, por sua vez, enfrentam a questão dos recursos e dos métodos geradores de conhecimento. O desafio é enorme: pela primeira vez, a humanidade ou, mais exatamente, as civilizações enfrentam um tal controle por parte da história, que o ritmo se tornou precipitado, entrechocado, turbulento, incerto.

Se, segundo Latour (2015, p. 149),

o Holoceno terminou [...], essa é a prova que entramos em um período novo de instabilidade: a Terra se tornou sensível a nossa ação e nós, os seres humanos, nos tornamos de certo modo geologia.

O segundo argumento é que a concepção do Antropoceno se caracterizaria — desde que a "Comissão internacional de estratigrafia", instância que determina a escala dos tempos geológicos, tenha decidido que estamos em uma nova época geológica — por uma ruptura dos tempos geológicos presentes (Holoceno) e pelo surgimento de uma nova época da história do planeta. A compreensão dessas rupturas é uma condição prévia à compreensão do que pode ser essa nova história. Mais precisamente, trata-se de medir a diferença entre a maneira como vivemos agora e aquela por meio da qual a humanidade coletivamente testa a nova história da biosfera. Desde o período que chamamos, às vezes, de "a grande aceleração", termo popularizado por Steffen e Crutzen (2008), desde o meio do século passado, um evento revelador de mudanças bruscas, a humanidade tem um impacto direto no planeta, seja pela eliminação de espécies, pela poluição das águas, ou ainda, pela mudança da composição atmosférica. Esse impacto ecológico de origem antrópica nunca foi tão profundo. Saber se isso resulta em uma camada terrestre identificável não muda esse fato.

Uma característica determinante da tese do Antropoceno é que ela reformula as relações entre nossas ações, seus efeitos imediatos e seu impacto a longo prazo nos futuros geoprocessos. Se, em seu conjunto, a humanidade for uma força da natureza, o leque completo de processos humanos e mundiais deverá ser avaliado em função de suas capacidades de ação.

A ciência não apenas elucida, mas também cega seu próprio futuro e, como na árvore bíblica do conhecimento, seus frutos podem ser bons ou ruins (MORIN, 2011). Por isso, a questão levantada deve ser a do lugar da problemática do Antropoceno como poder de ação na consciência da comunidade de destino e em nossa "identidade humana planetária" (MORIN, 1993). Quando ampliamos ainda mais a perspectiva, percebemos então o caráter vital, objetiva e logo onto-logicamente vital, por assim dizer, dessa interrogação. Porque, *in fine*, trata-se da perenidade da humanidade e, ainda mais amplamente, da própria possibilidade da vida na Terra. O que pode parecer fasci-nante para alguns e pode ser angustiante para outros é que temos a impressão de estarmos esperando uma declaração definitiva de uma comunidade de especialistas sobre uma nova era geológica (KOLBERT, 2015), cujas consequências afetariam o futuro da história geoantropo-biológica, logo, da "humanidade da humanidade" (MORIN, 2001).

Uma reflexão que ultrapassa a pura problemática estratigráfica planetária é então necessária para validar se o Antropoceno representa uma verdadeira ruptura paradigmática em relação a nossa biosfera.

Segundo Grinevald (2007, p. 46),

> essa transição, verdadeira ruptura na escala das civilizações e também da evolução biológica da espécie humana, ou mesmo, simplesmente da evolução biológica, é tão importante e tão carregada de significados para o futuro, que não devemos temer em posicioná-la na evolução geobiológica da Terra, e por que não chamá-la de Antropoceno, porque temos boas razões, hoje, de ressaltar a descontinuidade do presente com o Holoceno.

Essa situação única em seu gênero testa dois paradigmas: um seria o paradigma geobiológico (sistema Terra e sistema ecológico) e o outro o paradigma industrial-capitalista (sistema sociedade-mundo industrial). Malm escolhe essa abordagem histórica em seu livro, *L'An-thropocène contre l'histoire. Le réchauffement climatique à l'ère du capital*[9] (2017), em que nos explica que não é apenas "uma espécie humana abstrata que deve ser responsabilizada pelo desastre ecológico, mas,

___
9. O Antropoceno contra a história. O aquecimento global na era do capital (tradução livre do autor).

em primeiro lugar, o império britânico" (*Le Monde*, 6 de outubro de 2018). Nessa lógica, a pegada colossal das atividades humanas teria sido então causada pela lógica capitalista econômica "Capitaloceno" que se perpetua até hoje, originando um crescimento contínuo de emissões dos gases do efeito estufa.

Para Malm (2017, p. 15),

apesar de as mudanças climáticas representarem uma forma de apocalipse, ele não é universal, mas desigual e combinado: a espécie [humana] é uma abstração no final da cadeia, bem como em sua origem [...]. Culpar a humanidade das mudanças climáticas acaba sendo inocentar o capitalismo.

Chegamos a um ponto crucial e de grande consequência, essencial, a meu ver, para uma educação do futuro. Se a articulação entre a história geológica e a história da biosfera — "a que está acontecendo" (PIGUET, 2014, p. 106) — pode ser justificada, podemos falar concretamente de outro olhar sobre a natureza, uma natureza no plural e não mais no singular. Enfim, em que medida o Antropoceno influencia nossas crenças, nosso valores, nossas visões e nossos princípios? Será que se trata de um culto das elites planetárias, de uma naturalização da religião ou de uma mitologia do *antropos*?

DA IDENTIDADE À CONSCIÊNCIA

O despertar da consciência do processo do desajuste climático constitui incontestavelmente um novo relato da história da vida. Nas páginas anteriores, tentamos compreender como poderíamos recuperar nossa capacidade de ação e uma compreensão das coisas para podermos resolver o problema do Antropoceno. Não podemos começar a agir coletivamente sem uma conscientização de nossa capacidade de ação coletiva e de uma responsabilidade individual necessária (JAMIESON, 2014). Mas antes de uma conscientização de uma responsabilidade individual e coletiva, devemos nos questionar sobre nossa "nova" e singular história terrestre com a chegada de um desajuste climático nunca visto.

"Quem somos?" é a questão que Morin levanta quando precisamos caracterizar a identidade humana. O Homem desconhece a si próprio.

> Entretanto, um imenso saber sobre o homem, suas origens, sua natureza e suas complexidades, se acumulou desde há cinquenta anos, mas ele é disperso, dividido e compartimentado entre todas as ciências, e a incapacidade ou a impotência para reunir esse saber mantém uma imensa ignorância sobre nossa própria identidade (MORIN, 2017, p. 101).

Mas será que o que é crucial, o "quem somos, o que somos", poderia ser separado do contexto de "onde falo, com quem falo"? "Será que podemos separar isso de minha cultura, de minha história pessoal e de minhas experiências com o outro sem perder elementos importantes do que se passa em minha em consciência propriamente dita?" (HUSTVEDT, 2018, p. 71). Minha identidade humana não pode ser dissociada de minha identidade planetária. Devemos compreender que a sociedade deve permanecer aberta e imperfeita.

> A união planetária é a exigência racional mínima de um mundo reduzido e interdependente. Tal união precisa de uma consciência e de um sentimento de pertencimento mútuo que nos une a nossa Terra considerada como a primeira e a última Pátria. Se a noção de pátria comportar uma identidade comum, uma relação de afiliação afetiva a uma substância, ao mesmo tempo, materna e paterna (inclusa no termo feminino-masculino de pátria), enfim, uma comunidade de destino, poderemos então avançar a noção de Terra-Pátria (MORIN, 2000, p. 81).

A Terra-Pátria e a comunidade de destino constituem não as superestruturas ou os "epifenômenos", mas uma exigência de fundo para a humanidade.

Esse rápido desvio a partir de algumas ideias sobre nossas origens nos leva a uma meditação sobre a longuíssima aventura da hominização e é uma tentativa modesta para sairmos, por um momento, de nosso envelope humano moldado de dúvidas para se abrir à compreensão de um novo começo...

A humanidade deve olhar mais para o futuro. "Nossa consciência nos ensina que o futuro da humanidade depende também do futuro da consciência" (MORIN, 1993, p. 67). Devemos ter perspectivas a longo prazo em relação aos inúmeros perigos atuais e potenciais que a humanidade e a vida na Terra enfrentam. Devemos estar prontos para a implementação de soluções a esses problemas, que podem precisar de vários anos e esforços inabaláveis. Devemos mostrar uma prevenção responsável e tomar decisões que atenuem os perigos prováveis contra as gerações de seres humanos antes que as crises cataclísmicas aconteçam. Devemos estar prontos para não mergulharmos em um tipo de "pessimismo" que leve à inação. Diante de um tipo de pensamento fantasioso, com o surgimento da ideia de destruição irreversível por um cataclismo de fim de mundo ("colapsologia"), a atitude humana relativa a esse sentimento pede consciência racional e capacidades de regeneração. Estamos, sobretudo, em uma aventura desconhecida em que somos, talvez, ao mesmo tempo, exploradores e dissidentes.

Logo, devemos nos preparar a uma compreensão da consciência do futuro, a qual não implica apenas os projetos, os desejos, as expectativas, as esperanças e as ambições, mas também os medos, os temores e as apreensões (SOUSTRE, 2016).

A CONSCIÊNCIA DO CLIMA

A compreensão e a percepção de uma população adolescente, assim como seu engajamento na luta contra as mudanças climáticas, não suscitam particularmente o interesse da parte do político. A maior parte dos estudos das três últimas décadas foram direcionados apenas para os adultos. Entretanto, ao ignorar literalmente essas jovens gerações, esquecemos que são elas que vão ter a difícil tarefa de enfrentar as consequências do desajuste climático. Inspirados em um abundante *corpus* de literatura (GYCP, 2015), quisemos examinar as percepções dos adolescentes e dos jovens (de quinze a dezenove anos) sobre as mudanças climáticas, utilizando uma pluralidade de metodologias (qualitativas e quantitativas, entrevistas coletivas, grupos de discussão com cientistas, cartografia cognitiva, questionários "numéricos", entre outras). Essa abordagem de pesquisa foi feita em diferentes continentes, com jovens de origens sociais, culturais e étnicas diferentes, e de diversas características geográficas. Analisamos o processo de construção dos conhecimentos durante as aulas, em particular das disciplinas, tendo como missão tratar as questões ambientais e, principalmente, os problemas ligados às mudanças climáticas, as formas de tratamento da informação, entre outros, salientando as similitudes e as diferenças entre as paisagens socioculturais e geográficas. Essa pesquisa-ação compilou uma imensa quantia de informações sobre os processos de emergência de uma consciência do clima que subentendem a aptidão dos jovens a enfrentarem os desafios globais a partir das próprias vidas cotidianas implantadas nas realidades locais.

Os indivíduos, de maneira geral, e os jovens, em particular, têm um papel significativo nas respostas aos efeitos das mudanças climáticas. Os jovens são, finalmente, os atores do futuro que aplicam, inspiram e guiam a resolução dos problemas por meio das reduções necessárias das emissões dos gases do efeito estufa. Reconhecer seu papel não implica ignorar a importância do contexto em que os jovens agem e não se trata de impor uma responsabilidade imprópria apenas aos jovens. O que conta é o nível de engajamento consciente e reflexivo, bem como a maneira como esse engajamento consciente leva a uma consciência cívico-cidadã e política.

O que nos interessa nessa pesquisa é compreender como as jovens gerações de hoje e do futuro enfrentam a questão climática. Quando e como surge nelas a consciência do clima como tal? Consideramos aqui a consciência do clima como o conjunto das crenças, dos imaginários, dos saberes, das reflexibilidades e das perturbações que constatamos direta ou indiretamente. Todas as crenças, os imaginários, os saberes, entre outros, são elaborados na consciência do indivíduo e produzem as representações do mundo. Hoje, os avanços no campo da ciência do sistema climático nos obrigam, entretanto, a reconsiderarmos o que pensávamos definitivamente ter sido compreendido, no que diz respeito a nossa relação com a biosfera, mais precisamente, a elaboração de uma visão do mundo na consciência do futuro.

Como saber se os jovens, a quem transmitimos uma nova linguagem sobre as novas formas de conhecimento, percebem o que eles sabem sobre os desafios das mudanças climáticas? Em que momento eles tomam consciência de que a tarefa está se tornando difícil? A que ponto essa consciência pode ser subjetiva?

Morin (2001, p. 102) afirma que

> os avanços da consciência não estão mecanicamente ligados aos progressos do conhecimento, como mostram os progressos extraordinários dos conhecimentos científicos [acumulados sobre os efeitos do aquecimento global], que determinaram, sem dúvida, progressos locais de consciência, mas também falsas consciências (certezas de que o mundo obedece a leis simples) e consciências mutiladas (enclausuradas em uma disciplina particular).

Como Wolf e Moser (2011), ao analisarmos as experiências desenvolvidas sobre o papel dos jovens no tema das mudanças climáticas, distinguimos a compreensão (aquisição e tratamento de conhecimentos factuais corretos sobre as mudanças climáticas), a percepção (representação do mundo e interpretação fundamentada na compreensão e na implicação) e o engajamento (a tomada de decisão para a resolução dos problemas).

A importância da compreensão e das percepções dos jovens é demonstrada pela maneira como os conhecimentos transmitidos pelos cientistas foram rapidamente objetivados por ações contextualizadas localmente. Nesse sentido, a compreensão das mudanças climáticas é importante para os jovens, em particular, em sua conscientização que visa resolver os problemas e, em menor escala, sua vontade de mudar de comportamento. Estamos realmente no sentido desse reconhecimento da complexidade dos eventos (climáticos), entendido como forma particular de compreensão apropriada de realidades que não podem mais ser reduzidas indefinidamente em elementos simples.

Atualmente, e de maneira provisória, os resultados de nosso estudo indicam os seguintes comentários: a maioria dos jovens de diferentes países percebem as mudanças climáticas como uma verdadeira ameaça local (e não como um perigo longínquo) e, além disso, sentem diretamente seu impacto em seu projeto de vida, ao mesmo tempo, no espaço e no tempo. Mais exatamente, os perigos ligados às mudanças climáticas são percebidos como se fossem do campo pessoal (consciência de si) e coletivo em relação ao futuro da comunidade, de outras espécies (plantas e animais) e de outros lugares. O que eles percebem como sendo outros campos de discussão se refere diretamente à questão de uma consciência da biodiversidade. Em relação a este último ponto, uma tendência ao ceticismo surge nos jovens no que diz respeito às medidas de atenuação e/ou adaptação, que não são percebidas como particularmente convincentes em relação aos desafios. O termo adaptação escapa à consciência, ele é compreendido como uma forma de aceitação, inclusive para alguns, de resignação, ao passo que, para os jovens, os problemas climáticos devem ser vistos como a oportunidade da mudança. Quanto à conscientização do global para além do espaço cotidiano, parafraseando Abram (2013), "para além do horizonte", o horizonte deles inclui um significado de uma globalidade do problema, de algo mais, de outra coisa...

Enfim, segundo Wolf e Moser (2011), os níveis atuais de conscientização e de posicionamento em relação às mudanças climáticas não bastam para conduzir a uma eficiente e verdadeira mudança de comportamento. Entre outras razões, em função da falta de simbiose entre o público e as políticas públicas de atenuação das mudanças climáticas e entre os modelos econômicos e as políticas orientadas duravelmente em direção de um processo de redução das emissões dos gases do efeito estufa. Isso vem corroborar a ideia de que os problemas ambientais complexos geralmente só são resolvidos quando o público está disposto a aceitar os riscos e pede uma mudança (LAWSIN *et al.*, 2018).

Questão: Será que não estaríamos precisando de uma mudança radical de nossa consciência em relação à natureza, sem a qual nós mesmos corremos o risco de desaparecer como espécie?

CAPÍTULO 5
Enfrentar as incertezas do real

"Tudo, nesse mundo, está em crise. Falar de crise, quer dizer, como já vimos, falar da progressão das incertezas. Por todos os lados, em tudo, as incertezas aumentaram" (Edgar Morin).

INCERTEZAS DAS PROJEÇÕES FUTURAS

O futuro é indecifrável. Os destinos locais dependem cada vez mais do destino global do planeta, que também depende dos eventos, inovações, acidentes e mudanças locais, que podem iniciar ações e reações em cadeia, inclusive, bifurcações decisivas que afetam esse destino global (MORIN, 2001, p. 229).

Perto da Conferência das Partes CQNUMC COP25 (Convenção-Quadro das Nações Unidas sobre a Mudança do Clima), os cientistas do IPCC publicaram, a pedido dos Estados, um relatório especial sobre um cenário global de 1,5 °C (IPCC, 6 de outubro de 2018). Os cientistas (climatologistas, em particular) mais uma vez enfrentam um sério problema de compreensão em relação ao público. Os modelos climáticos em que eles estão trabalhando atualmente, apesar de serem cada vez melhores e mais sofisticados, são caracterizados por conterem importantes incertezas em suas previsões.

Diante de uma biosfera cada vez mais caótica, a compreensão científica das mudanças climáticas vai se tornar cada vez menos clara para qualquer iniciante e, de certo modo, para boa parte dos decisores políticos. A humanidade está avançando em um caos que corre o risco de destruí-la (não confundir caos e colapso, cataclismo), "o termo caos sendo entendido aqui como a unidade indistinta da criação e da destruição" (MORIN, 2001, p. 226).[10] Não sabemos o que acontecerá, mas sabemos que, de qualquer maneira, sofremos e sofreremos impactos enormes e irreversíveis em todos os níveis: ambientais, econômicos, sociais, entre outros, e que os modelos atuais propostos escapam ao pensamento e à sabedoria humana.

> Nossas mentes estão sobrecarregadas pela insustentável complexidade do mundo. Os progressos da informação em termos de diagnóstico e de conhecimento sobre a durabilidade do desajuste climático são acompanhados pela progressão da ignorância devido a uma fragmentação e a uma compartimentação do saber. Mesmo nesse caso, acabamos chegando à incerteza (MORIN, 2001, p. 226).

Acabamos de evocar em um capítulo anterior a importância da utilização dos modelos para a compreensão dos inúmeros fatores que influenciam as mudanças nos sistemas complexos do clima. A questão que se repete é: por que esses modelos têm uma capacidade limitada para prever o futuro?

A primeira razão é que eles não são capazes de levar em consideração as incertezas do real. Talvez esse seja um ponto claro, mas é regularmente ignorado. Pela sua própria natureza, os modelos não

---

10. Como Morin (1980, p. 379) formulou muito bem em relação ao conceito da incerteza, "a incerteza não diz respeito apenas às medidas e às previsões. Ela diz respeito aos conceitos aptos à compreensão dos fenômenos complexos". É nesse espírito que desenvolvemos essa reflexão sobre a incerteza, reflexão que continua atual em sua pertinência nesse contexto de mudanças climáticas e da covid-19.

podem integrar todos os fatores implicados e que influenciam um sistema natural, e aqueles que o influenciam são, com frequência, mal compreendidos (MASLIN; AUSTIN, 2012).

Para além dessa reflexão epistemológica, os problemas mais concretos podem ser ilustrados seguindo os caminhos das incertezas sequenciais que se desenvolvem hoje nos modelos utilizados. O crescimento esperado das emissões dos gases do efeito estufa e dos aerossóis na atmosfera no fim do século é um dos primeiros insumos de qualquer modelo climático. Essas projeções estão fundamentadas nos modelos econômicos que preveem a utilização das energias fósseis na escala planetária em um período de cem anos, em função das hipóteses gerais sobre um maior ou menor consumo de energia da economia mundial mais verde. Mas a crise financeira de 2008 mostrou, de maneira dramática, e a nossos custos, como é difícil prever as mudanças na economia. E a imprevisibilidade econômica é apenas o começo. Novas "bolhas" estão prestes a explodir, criando a possibilidade de uma nova crise financeira (JOUZEL; LARROUTUROU, 2017).

As incertezas sobre as realidades das mudanças climáticas continuam grandes, em particular, em relação à cota de carbono disponível — ou seja, a quantidade de CO_2 que ainda pode ser emitida —, para que o aquecimento não ultrapasse 1,5 °C ou 2 °C em relação aos níveis pré-industriais e, assim, sobre as relações entre as emissões e as mudanças de temperatura que tornam bem difícil saber se nos dirigimos efetivamente para um aquecimento de 1,5 °C ou, sobretudo, 2 °C, ou inclusive mais. Existe ainda outro nível de incerteza que vem do modo de ponderação dos modelos climáticos. Consequentemente, o futuro não é apenas incerto, mas também intrinsecamente imprevisível...

Mais uma vez, chegamos a zonas de incertezas sobre a realidade das mudanças climáticas que impactam os realismos que temos do problema climático e revelam, às vezes, que aparentes irrealismos eram realistas. O realismo faz com que, ano após ano,

esperemos ver, em particular, o começo de uma diminuição das emissões dos gases do efeito estufa. Ano após ano, a esperança se vê frustrada...

Nesse ritmo, em menos de 25 anos, teremos tal acumulação desse gás na atmosfera que a temperatura média da Terra vai ser de 2 °C superior àquela antes da Revolução Industrial e a humanidade vai enfrentar os graves desajustes esperados pela ultrapassagem desse limite (*Le Monde*, setembro de 2018).

Isso nos mostra que é preciso saber interpretar a realidade antes de reconhecer onde se encontra o realismo.

Além disso, "isso nos mostra, ao mesmo tempo, que o significado das situações, fatos e eventos devem ser interpretados. Qualquer conhecimento, inclusive qualquer percepção, é a tradução e a reconstrução, ou seja, a interpretação" (MORIN, 1993, p. 147). Assim, a realidade evidentemente não é legível. As ideias e as teorias não refletem, mas traduzem a realidade eventualmente de modo errôneo. Nossa realidade é apenas nossa ideia da realidade.

O século XX descobriu a perda do futuro, ou seja, sua imprevisibilidade. Essa conscientização deve ser acompanhada por outra, retroativa e correlativa: a que a história humana foi e continua sendo uma aventura desconhecida. Uma grande conquista da inteligência seria poder enfim se livrar da ilusão de prever o destino da humanidade. O futuro permanece aberto e imprevisível. Na verdade, existem determinações econômicas, sociológicas e outras [climáticas] ao longo da história, mas elas têm uma relação instável e incerta com inúmeros acidentes e acasos que a fazem bifurcar ou desviar de seu caminho (MORIN, 2000, p. 87).

A INCERTEZA DO CONHECIMENTO

Existe uma grande parte de incerteza no que consideramos como o saber e o conhecimento, tanto no que se passa em torno de nós quanto no que se passa dentro de nós... em nossa consciência de si.

Segundo Atlan (2014, p. 41),

a diferença importante, em relação ao passado, ou de há um século ou dois, é que somos muito mais conscientes [...]. Antigamente, sabíamos que não conhecíamos tudo, mas pensávamos que iríamos conseguir, que era apenas uma questão de tempo, que bastaria continuar avançando para eliminar qualquer incerteza. Agora, sabemos que esse não é o caso e que, finalmente, existem problemas insolúveis. O que não quer dizer que não sabemos nada.

Ao contrário, podemos tentar imaginar um mundo caracterizado pela total certeza. Vamos supor, por um momento, que todos os eventos futuros, todas as evoluções fossem conhecidas antecipadamente e pudessem ser previstas com precisão. Não haveria erros, nem surpresas. Saberíamos qual seria o conjunto de nossas futuras ações, assim como suas exatas consequências. Neste mundo, não haveria nada que pudéssemos aprender e, consequentemente, nenhuma informação que valesse a pena saber (GLIMCHER, 2003). Neste mundo, ter consciência e conhecimentos não serviria para nada.

Mas, hoje, diante de nossos conhecimentos que aumentam, parece que estávamos vendo nascer outra visão do mundo ou, pelo menos, uma nova situação (GLIMCHER, 2003) em que a incerteza, o acaso e o imprevisto não fossem reprimidos, mas, pelo contrário, levados em consideração na produção de conhecimento. Fusco e outros nos propõem "fazer ciência com a incerteza" (FUSCO *et al.*, 2015, p. 2). Por exemplo, vemos o mundo por meio da física quântica como um tipo de fonte perpétua — "em uma dança frenética das partículas —, partículas que são energia e cuja matéria brota de maneira completamente aleatória" (GLIMCHER, 2003, p. 371).

Nesse contexto, duas coisas parecem evidentes: a primeira é a pluralidade das possibilidades. Então, o que existe é apenas uma parte do que é potencialmente possível. Daí, uma segunda observação: o andar do mundo não é um andar para o mais provável, para a expansão da entropia, mas para o enlaçamento da incerteza e do complexo (PENA-VEGA, 2018).

Então, o conhecimento em torno das mudanças climáticas, como qualquer conhecimento, é uma aventura incerta que comporta em si, e permanentemente, o risco da ilusão e do erro. Em um texto premonitório, Glantz (1979) dizia que todos os que se interessassem pelo estudo do clima e seu impacto na sociedade deveriam tomar como referência o ano de 1972, porque foi um ano extremamente importante em todos os pontos de vista. Durante aquele ano, de fato, uma série de anomalias meteorológicas aconteceu, em detrimento da produção alimentar global e, logo, da disponibilidade dos recursos agrícolas. Naquela época, alguns disseram que a escassez alimentar tinha sido causada pelas condições meteorológicas, mas, mais tarde, essas afirmações foram reavaliadas e a escassez foi atribuída às condições excepcionais do regime climático.

Na realidade, as anomalias de 1972 compreendiam vários eventos: o quarto ano consecutivo de seca na zona saheliana da África Ocidental, a escassez dos recursos marinhos na costa peruana, a seca na América Central, na ex-União Soviética, na Índia e na China, assim como chuvas extremas na Austrália e no Quênia. Observando esse relato, mais de cinquenta anos mais tarde, não podemos deixar de fazer um paralelo com a realidade atual e levantar a seguinte questão: será que aprendemos alguma coisa sobre um caos anunciado? Aquela época foi marcada pelo forte aumento dos preços dos cereais no mercado internacional, o maior comprador de cereais era a antiga URSS, e pela escassez generalizada de produtos alimentares no mercado internacional, fenômenos imputados às flutuações meteorológicas e ao medo que a situação fosse duradoura.

Esses primeiros conhecimentos fundamentais de um novo evento levam os pesquisadores a se questionarem: "Será que o regime climático estaria esfriando? Esquentando? Permaneceria o mesmo?" (GLANTZ, 1979, p. 189). O clima e, de certa maneira, a meteorologia tornam-se variáveis importantes em termos de desenvolvimento industrial, de localização geográfica e/ou uma opção ideológica da sociedade. Segundo Glantz (1979), essa importância é devida, em particular, à aceitação do fato, pela mídia, de que esses fatores são novos graças à conscientização de alguns dirigentes políticos e econômicos para quem os fatores climáticos devem ser levados em consideração na equação alimentar.

O que é significativo no artigo de Glantz, em relação à questão que nos interessa, é constatar como o conhecimento nos faz detectar uma realidade que ultrapassa nossas possibilidades de conhecimento; ele nos leva a construir um metaponto de vista... (como a consciência). Naquela época, o aquecimento global causado por um teor alto de CO_2, no âmbito de um projeto global internacional, fazia parte do debate e era cada vez mais considerado como um problema importante. Segundo os pesquisadores, o problema do aumento do teor de CO_2 na atmosfera deveria ser considerado, ao mesmo tempo, como um evento e como um processo. O autor evoca em seu artigo que já havia uma atenção particular, tanto do lado da opinião pública quanto dos decisores políticos, em relação aos problemas ligados ao CO_2, por causa de uma eventual perspectiva de dupla consequência: o derretimento das geleiras e a desintegração dos bancos de gelo da Antártica ocidental, levando possivelmente a uma elevação do nível do oceano na ordem de cinco a seis metros.

É extraordinário que esses diagnósticos tenham sido concebidos no começo dos anos 1970, há mais de cinquenta anos, ou seja, que tínhamos conhecimento dos desafios globais do aquecimento global. Durante todos esses anos, essas informações disponíveis, apesar de incertas, eram suficientemente robustas para incitar as sociedades industriais, principalmente as emissoras dos gases do efeito estufa, a tomarem decisões. Aliás, sabíamos também que a atividade humana estava implicada na tendência que iria continuar ano após ano durante décadas, em um processo de aquecimento global implacável, com tudo o que isso comporta como consequências hoje. Mas, se sabíamos disso, por que os Estados emissores de CO_2 não se engajaram realmente na redução das emissões? Por que ter esperado tanto tempo? Por que ficar dando voltas a cada conferência mundial do clima? Empurramos nosso planeta à beira do abismo por pura escolha política neoliberal e os danos estão se tornando hoje cada vez mais irreversíveis. Uma tendência ao unilateralismo, inclusive, certo egoísmo dos Estados, torna hoje mais difíceis tomadas de decisões multilaterais a longo prazo, necessárias para se lutar eficientemente contra o aquecimento global e a degradação do meio ambiente mundial.

A INCERTEZA DO MUNDO

Estamos conscientes de que uma abordagem abstrata demais, que se contenta com os princípios e com os modelos teóricos, inclusive com os cenários, corre o risco de negligenciar características não ideais do mundo real e, sobretudo, corre o risco de não considerar a incerteza do mundo global. Precisamos nos questionar até que ponto os princípios abstratos dos modelos cada vez mais sofisticados do clima impedem o esboço de uma conscientização dessas incertezas. Devemos reconhecer que a avaliação científica em situação de incerteza é difícil.

Podemos ver então que a possibilidade de limitar o aquecimento a 1,5 °C até o final do século é "extremamente improvável". As tendências a longo prazo — como a probabilidade crescente de eventos extremos e o agravamento de um desajuste climático que está aumentando perigosamente — podem se tornar pontos de partida de mudanças. Esse tipo de mudança pode implicar riscos de intensificação desses eventos extremos, mas é importante reconhecer que os choques e as liberações de tensões também podem levar a um esclarecimento das perspectivas dos perigos que nos cercam. Estamos em um período incerto; paradoxalmente, estamos então em um momento em que uma conscientização que englobe a ideia de que uma "comunidade de destino precisa não apenas dos perigos comuns [*perigos ecológicos, N.d.A.*], mas também de uma identidade comum" (MORIN, 2001, p. 225), apareça.

A realidade de uma consciência planetária é justamente inatingível. Ela comporta enormes incertezas por sua complexidade, por suas flutuações, por seus dinamismos combinados e antagonistas, por suas bifurcações inesperadas, pelas possibilidades que parecem impossíveis e por suas impossibilidades que parecem possíveis. "O inatingível da realidade global retroage em suas partes singulares, já que o futuro das partes depende do futuro do todo" (MORIN, 2000, p. 159).

No futuro, o mundo deveria atravessar inúmeras transições complexas: em direção a um futuro de baixa intensidade de carbono, à proteção dos ecossistemas e da biodiversidade, a uma melhor utilização de nossos recursos hídricos, a uma agricultura menos intensiva (desafio de produção alimentar), à mudança tecnológica de uma profundidade e de uma velocidade sem precedentes e a novos equilíbrios econômicos e geopolíticos mundiais. A "governança" dessas transições complexas e os perigos que lhe são associados vão precisar de uma reflexão a longo prazo, de investimentos e de cooperação internacional. Os perigos dessas transições, que não são relativos apenas aos animais terrestres, já são percebidos em nível da biodiversidade. Segundo Frankel (2016, p. 30), "no mundo marinho, observamos também uma mudança perceptível da fauna e, ao mesmo tempo, com o colapso de plâncton, o desaparecimento de inúmeros peixes e moluscos". Sentimos falta de uma Política.

Morin (2000, p. 177) fala de uma "antropolítica", ou seja,

> uma política de longo prazo [que] obedeça a atração das finalidades que temos em vista, que deveriam nos lembrar, incessantemente, das ideias-guias e das ideias-chave. Como o médio prazo, o longo prazo exige, agora mesmo, um investimento político e filosófico, algo com que aqueles que se chamam de heróis de um futuro melhor infelizmente não se preocupam de nenhuma maneira, com um investimento em um repensar político, uma verdadeira refundação, que requer a reforma do pensamento [...].

Enfim, retomamos aqui a ideia de Passet (2014), segundo a qual a Política não deveria se contentar em derivar as leis deterministas (certezas) para usá-las como representação complexa do tempo; ela deve se inscrever nas realidades concretas da história dos eventos. "Nesse sentido, todo ser humano é um ator potencial da História" (PASSET, 2014, p. 61).

A incerteza é nossa sina, não apenas na ação, mas também no conhecimento. A condição humana é assim marcada por duas grandes incertezas: a incerteza cognitiva e a incerteza histórica. Quando tantas interações e interfaces acontecem, não podemos ter uma certeza absoluta. A incerteza cognitiva é resumida dessa maneira pelo biólogo François Jacob, citado por Morin: "Para saber tudo o que está acontecendo dentro de um corpo, seria preciso matar, e então, o que está acontecendo para de acontecer". E necessitamos

> aceitar a ideia de pensar com certa incerteza. Quanto à incerteza histórica, ela está ligada ao caráter caótico da história humana. Não podemos ignorar a grande revelação do século XX: nosso futuro não é teleguiado pelo progresso histórico (JACOB *apud* MORIN, 2010, p. 443).

Mas é curioso constatar o quanto é difícil convencer que as certezas tenham dado lugar ao que Atlan (2008, p. 83) chama de "incerteza qualitativa", essas coisas que não podemos quantificar e que podem ainda ser ignoradas, nossos conhecimentos participam em nossa incerteza geral (PENA-VEGA, 2008). Como os cidadãos, os eventos são apenas parcialmente descritos por leis cientificamente imperfeitas.

Segundo Morin (1984, p. 80), "o propósito da cientificidade não é refletir o real, mas traduzi-lo em teorias modificáveis e refutáveis, o conhecimento deve tentar negociar com a incerteza". Além de as diferentes ciências (inclusive as ciências sociais e humanas) não oferecerem uma resposta idêntica à mesma questão, também duvidamos da própria natureza do processo pelo qual o homem tenta compreender o mundo e sua sociedade. Entretanto, a diversidade das questões — e dos pontos de vista em termos de respostas — permite o enriqueci-mento do conhecimento.

A INCERTEZA HUMANA

O ser humano, e mais particularmente a humanidade, ou até mesmo mais geralmente nossa civilização, deve se orientar mais em direção ao futuro (TONN, 2017). Não é fácil explicar que as incerte-zas têm um papel importante na vida humana. Então, imagine um pouco como seria explicar isso para os decisores (TALEB, 2013) e, além disso, fazer que compreendessem que "os possíveis são atual-mente impossíveis, que os improváveis são possíveis" (MORIN, 1996, p. 115).

Mas o que significa estar mais orientado para o futuro? É admitir que nosso desenvolvimento econômico-científico está degradando inelutavelmente a biosfera: poluição do ar e da água, escassez de água, erosão dos solos, fome, seca, extinção das espécies e incêndios florestais. Precisamos adicionar a superutilização e o esgotamento dos recursos que constituem ameaças para a civilização. De qualquer maneira, retomando a expressão de Morin (2015, p. 87), "o futuro não é mais o que ele era". É ilusório acreditar que chegaremos a uma pequena parte da solução vencendo os desafios técnicos. Essa ideia parece guiada por uma lei soberana da história, a "lei" do progresso[11]. Mas será que sabemos para onde estamos indo?

---

11. Se alguns sonham unir a humanidade no bom caminho, eventos atuais de dimensão planetária, como a covid-19, parecem dar um novo fôlego à tese do "colapso" de Diamond (2005). Muitos especialistas, intelectuais, políticos e cidadãos normais acham que a crise do coronaví-rus e suas consequências inestimáveis, em termos de instabilidade econômica, social, política, ambiental, entre outros, são os ingredientes de um coquetel de riscos existenciais e de perigos para a civilização terrestre (ver essa mesma ideia de civilização em Yuval Noah Harari, *21 leçons pour le XXIe siècle* — 21 lições para o século XXI, tradução livre —. Paris: Albin Michel, 2018).

Por outro lado, é extremamente importante considerar a ideia de que o futuro engloba valores éticos, razão pela qual as gerações atuais devem se preocupar com as gerações futuras e têm obrigações em relação a elas. De fato, apesar de os desajustes climáticos terem sido originados pela espécie humana, será que a responsabilidade cabe a toda a espécie humana (MALM, 2017)? As razões pelas quais as gerações atuais devem se preocupar com as gerações futuras e têm obrigações para com as gerações futuras são de ordem intrinsecamente bioantropológica e filosófica, e representam valores profundamente ancorados, como os valores de uma conscientização de uma comunidade de destino.

Estamos agora em uma encruzilhada, como nos avisou Carson (2009, p. 265) há quase sessenta anos:

> Podemos seguir dois caminhos, mas não são igualmente belos, como no clássico poema de Robert Frost. O que prolonga aquele que já percorremos por muito tempo é fácil, enganosamente tranquilo, é uma rodovia em que todas as velocidades são permitidas, mas que leva ao desastre. O outro, "o caminho menos conhecido", nos oferece nossa última e única chance para atingirmos um destino que garanta a preservação de nossa terra.

Mas, desde esse aviso, a nave espacial Terra continua velozmente sua corrida desenfreada. Uma coisa é certa: "A consciência da relação bioantropológica, antropoecológica nos mostrou os limites do modelo dominante do crescimento econômico" (MORIN, 2015, p. 94).

Enfim, os raciocínios aos quais nos livramos aqui levam a uma última reflexão. Temos a convicção de que, apesar dos milhares de relatórios científicos publicados desde há quarenta anos, continuaremos não querendo ver nada: estamos hoje desamparados olhando os outros se assustarem com as catástrofes que agora afligem regularmente diferentes regiões do planeta. Não temos as visões do futuro para enfrentá-las (preparação para os eventos catastróficos), nem, sobretudo, retomando as ideias de Keck (2020, p. 2), "o imaginário para compreender o que está acontecendo conosco". Diante dos grandes eventos aos quais deveremos estar preparados, "precisamos aceitar a complexidade do ser humano, sempre contextualizar e não se prender às certezas [...]. Nossa própria vida é muito incerta, como o futuro da humanidade" (MORIN, 2015, p. 38).

A INCERTEZA CLIMÁTICA

A agenda e o caráter inevitável do processo das mudanças climáticas são, apesar de tudo, incertos em razão da ambiguidade introduzida pelas escolhas humanas, da variabilidade natural e da incerteza científica, que inclui a incerteza da modelização científica climática (os fatores geofísicos e socioecológicos das mudanças climáticas).

> As projeções climáticas são geralmente apresentadas por uma série de caminhos, cenários ou objetivos plausíveis que relatam as relações entre as escolhas humanas, as emissões, as concentrações e as mudanças de temperatura. Alguns cenários são compatíveis com uma dependência contínua dos combustíveis fósseis, enquanto outros só podem acontecer pelas ações deliberadas que visam reduzir as emissões. O leque resultante reflete a incerteza inerente à modelização das atividades humanas e sua influência no clima (USGCRP, 2017, p. 134).

Essas incertezas são inerentes à modelização das atividades humanas ou a uma consideração dos parâmetros geofísicos, que comportam uma avaliação do nível de confiança (probabilidades). Elas são fundamentadas nos consensos descritivos da natureza das provas científicas, colocando em evidência uma confiança grande ou média da incerteza a ser atribuída às simulações. Existe então um nível de grande probabilidade de futuras mudanças climáticas, por outro lado, a probabilidade é média no que diz respeito à amplitude do aquecimento fundamentado nas estimativas das concentrações atmosféricas dos gases do efeito estufa.

Entretanto, em inúmeros casos, em particular nas escalas regionais, pode acontecer que uma resposta causada pelo homem ainda não tenha aparecido devido à variabilidade do clima, mas poderá aparecer um dia.

Segundo o raciocínio do IV Relatório U.S. Global Change Research Program, a incerteza científica engloba vários fatores em um "modelo global do clima" (USGCRP, 2017). A primeira incerteza é de ordem "paramétrica", ou seja, a capacidade dos Modelos de Circulação Geral Atmosférica (MCGA) de simular processos que acontecem em escalas espaciais ou temporais menores do que as que eles podem resolver. Devemos saber que a comunidade científica tentou resolver esse problema do *"downscaling"* concebendo modelos regionais cuja resolução espacial é cada vez mais detalhada. A segunda incerteza é estrutural, a saber, será que os MCGA incluem e representam com precisão todos os processos físicos importantes que acontecem em escalas que eles possam resolver? A incerteza estrutural pode surgir porque um processo ainda não é reconhecido — como os "pontos de inflexão" ou os mecanismos de mudanças bruscas — ou porque ele já é conhecido, mas ainda não suficientemente compreendido para ser modelizado corretamente — como os mecanismos dinâmicos importantes para a fusão dos bancos polares. A ideia de "pontos de inflexão" foi bem documentada nesses últimos tempos pelos cientistas que se inspiraram em modelos, apesar disso, um maior conhecimento e modelos aperfeiçoados sempre serão bem-vindos. Mas devemos insistir que, apesar de esses modelos não serem uma solução milagrosa, temos de reconhecer que a "complexidade dos modelos climáticos aumentou ao longo do tempo porque integram componentes suplementares do sistema climático terrestre" (GMC, 2017, p. 142).

Enfim, a terceira incerteza é a

sensibilidade ao clima, uma leitura da reação do planeta ao aumento dos níveis de CO_2 que é formalmente definido nos fatores físicos das mudanças climáticas, como a mudança de temperatura de equilíbrio resultante da duplicação dos níveis de CO_2 na atmosfera em relação aos níveis pré-industriais (GMC, 2017, p. 148).

A questão que poderíamos levantar é: quais dessas fontes de in-certezas — científica, natural e humana — é a mais importante? Uma das respostas é que isso vai depender da agenda política e das varia-bilidades do processo das mudanças climáticas. Mais precisamente, as principais incertezas que subsistem estão ligadas à amplitude e à natureza precisa das mudanças na escala mundial, assim como nas escalas regionais e, mais particularmente, à probabilidade dos eventos extremos, assim como a nossa capacidade de atribuir e de simular es-sas mudanças com a ajuda de modelos climáticos. Novas abordagens inovadoras para a análise dos dados climáticos, o aperfeiçoamento contínuo da modelização do clima, assim como a implementação e a manutenção de redes de observação de referência, como a rede mun-dial do clima, têm o potencial de diminuir as incertezas (USGCRP, 2017). Existe um verdadeiro desafio na compreensão dos desajustes climáticos no que chamamos de "escalas".

Os processos que originam as precipitações são um bom exemplo disso. Eles acontecem em escalas mais detalhadas que os que podem ser resolvidos pelos modelos, mesmo os de alta resolução, e requerem uma extensa configuração. As precipitações dependem também de inúmeros aspectos do clima em grande escala, em particular, a circu-lação atmosférica, as trajetórias das tempestades e a convergência da umidade (circulação de correntes e ventos oceânicos). Devido ao maior grau de complexidade associado à modelização das precipitações, a incerteza científica tende a dominar as projeções de precipitações ao longo do século, afetando, ao mesmo tempo, a magnitude e, às vezes (segundo o lugar), o sinal da mudança projetada das precipitações.

Podemos supor, guardando as devidas proporções, que, durante as próximas décadas, a maior parte da amplitude ou da incerteza das mudanças climáticas mundiais e regionais será o resultado de uma combinação de variabilidade natural (principalmente ligada à incerteza na especificação das condições iniciais do estado do oceano) e científica, ou seja, os limites de nossa capacidade de modelizar e de compreender as complexidades climáticas do sistema Terra.

Figura 1. Os três componentes das incertezas das mudanças climáticas

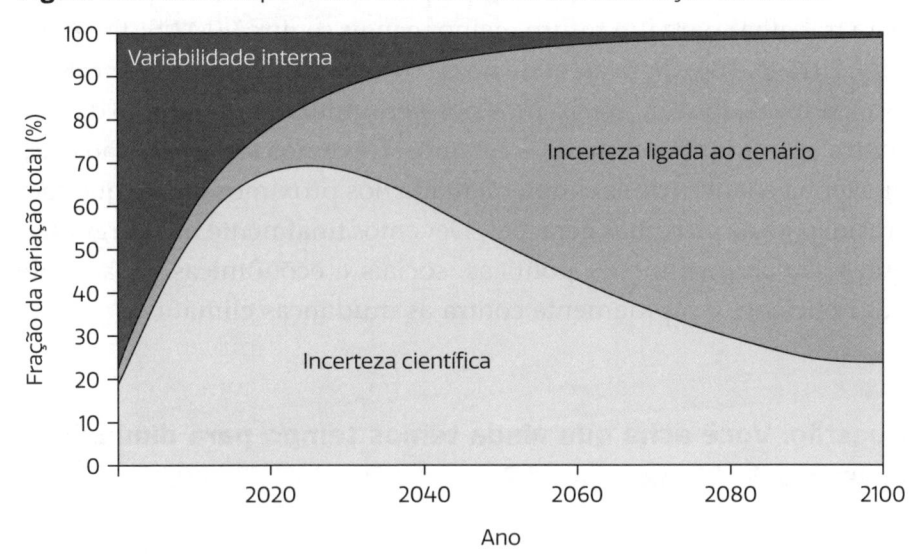

Fonte: USGCRP, 2017, p. 148. Adaptado de Hawkins e Sutton, 20 de setembro de 1998.

A Figura 1 ilustra a parte variável durante o século XXI dos três componentes das incertezas das mudanças climáticas: a variabilidade interna, a incerteza científica e a incerteza ligada aos cenários, ou seja, ligada à atividade humana, na simulação das temperaturas médias decenais nos Estados Unidos. Segundo os cientistas, a incerteza humana é relativamente baixa a curto prazo. Por outro lado, ao longo do tempo, as diferenças entre os diversos caminhos futuros se tornam maiores, amplificadas pela resposta diferida do oceano. Em 2030, aproximadamente, a fonte de incerteza humana vai se tornar cada vez mais importante para a determinação da amplitude e das tendências do aquecimento global futuro. Mesmo se a variabilidade

natural continuar a acontecer, a maior parte das diferenças entre
os climas atuais e futuros vai ser determinada pelas escolhas que a
sociedade fará hoje e ao longo das próximas décadas. Quanto mais
longe olharmos, maior será a influência dessas escolhas humanas na
amplitude do aquecimento futuro.

"Não precisamos exigir níveis impossíveis de certeza dos modelos
para trabalhar para um futuro melhor e mais seguro" (MASLIN; AUS-
TIN, 2012, p. 184). Para além de nossa discussão sobre como enfrentar
as incertezas do real, precisamos nos perguntar em que ponto da luta
contra as mudanças climáticas estamos. Devemos ter uma visão clara
que tenha chances de ser implementada nos próximos anos e que será
crucial para as próximas gerações. Devemos finalmente nos perguntar:
quais são as instituições políticas, sociais e econômicas capazes de
lutar eficiente e rapidamente contra as mudanças climáticas?

**Questão: Você acha que ainda temos tempo para diminuir as
emissões de CO_2 no planeta?**

CAPÍTULO 6

Ensinar a compreensão das mudanças climáticas

"Ensinar a compreensão entre os humanos é a condição e a garantia da solidariedade intelectual e moral da humanidade" (Edgar Morin).

Até aqui, consideramos como aceitáveis, ou pelo menos como intelectualmente coerentes e definíveis, certos postulados implícitos. Essa forma de inteligibilidade nem sempre é reconhecida pelas Ciências Humanas e Sociais, que privilegiam um pensamento crítico. Estamos realmente falando do reconhecimento de uma complexidade do sistema climático, ampliado como forma particular de compreensão apropriada às realidades múltiplas. Finalmente, o processo de complexificação (pelo sujeito conhecedor) é, de longe, mais interessante a ser estudado que a própria complexidade de uma realidade, como estado, categoria, capacidade ou essência. Consequentemente, "reconhecer e postular a complexidade de uma realidade é, além disso, admitir sua natureza, ao mesmo tempo, homogênea e heterogênea, sua opacidade, sua multidimensionalidade, que exige então uma compreensão mais detalhada, uma multirreferencialidade" (ARDOINO, 2000, p. 258).

Uma educação do futuro mal conseguirá ser feita sem a compreensão do que o futuro dará como sentido às nossas vidas e, nessa perspectiva, a compreensão possui um valor antropológico.

> Ensinar a compreensão como uma "coisa" em si, uma entidade bem delimitada, dotada de uma história, essa é a missão propriamente espiritual da educação: ensinar a compreensão entre as pessoas como condição e garantia da solidariedade intelectual e moral da humanidade (MORIN, 2000, p. 103).

A compreensão tem um sentido duplo. Primeiramente, é o conhecimento que apreende tudo o que podemos criar como representação concreta, ou o que podemos perceber imediatamente por analogia. Assim, a representação é compreensível, visto que procura um conhecimento no próprio ato que faz surgir uma analogia do evento percebido.

O segundo sentido é de que a compreensão é o modo fundamental de conhecimento para qualquer situação humana que implica subjetividade e afetividade, e, de maneira mais central, para todos os atos, sentimentos e pensamentos de um ser percebido como indivíduo-sujeito.

Esses dois sentidos da compreensão são complementares, o que abre as perspectivas para a inteligibilidade dos eventos. Nosso trabalho de análise da compreensão das mudanças climáticas e ambientais não consiste tanto em tentar homogeneizar os dados, à custa de um reducionismo inevitável, mas, sobretudo, tentar articular os saberes, senão, conjugá-los. Nessa perspectiva, tentaremos desenvolver uma forma de inteligibilidade das práticas educativas sobre as mudanças climáticas, distinguindo os "olhares" centrados nos indivíduos (perspectivas sociopsicológicas), nas interações climatoecológicas (perspectivas biosféricas) e nas organizações e instituições (perspectivas antropolíticas), associada a uma visão contextualizada do mundo. Admitir que a redução das emissões líquidas de CO_2 seja necessária para limitar as mudanças climáticas a curto prazo e o aquecimento a longo prazo é, simplesmente, uma afirmação e não uma compreensão do processo climático.

A compreensão pode e deve participar em todos os modos de conhecimentos, inclusive os científicos, dos fenômenos humanos. Como qualquer forma de conhecimento, o conhecimento científico relacionado às mudanças climáticas precisa, mais do que nunca, se situar em uma perspectiva educativa, a saber, em "uma dimensão compreensível para entender os significados das situações e das ações experimentadas, efetuadas, percebidas e concebidas pelos atores sociais, individuais e coletivos" (MORIN, 1986, p. 49). Quando relacionamos o ato da compreensão à problemática climática, podemos dizer que a compreensão é o conhecimento que adquirimos dos eventos ligados às mudanças climáticas, que "apreende tudo o que podemos criar como representação concreta, ou o que podemos perceber imediatamente por analogia" (MORIN, 1986, p. 144). Assim, a representação que criamos é compreensível, visto que ela procura um conhecimento no ato. Uma boa compreensão dos eventos observados é fundamental, não apenas porque vai intrinsecamente induzir as ações, mas, mais profundamente ainda, porque ela constitui um conhecimento fraterno (visão integrante da natureza do mundo que pode trazer um tipo de harmonia entre os seres humanos e a natureza).

Figura 2. Os componentes da compreensão.

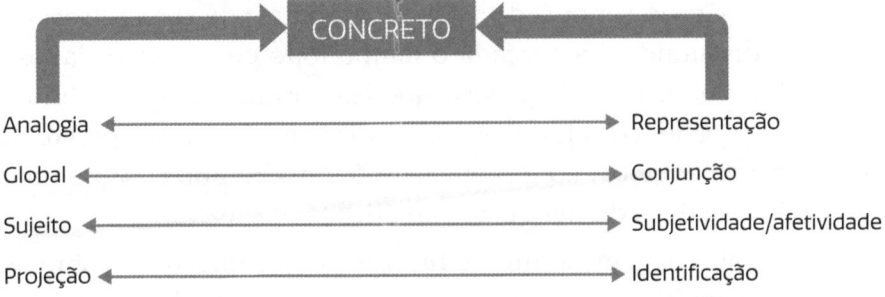

Fonte: Essa figura retoma os componentes da noção de compreensão adaptados da obra *La Connaissance de la connaissance* (O Conhecimento do conhecimento, tradução livre), *La Méthode*, de Edgar Morin, 1986, t. 3, p. 150.

O que importa nessa perspectiva educativa é perceber bem a compreensão dos eventos das mudanças climáticas.

É dessa maneira que sugerimos o estabelecimento de um elo entre a compreensão dos eventos das mudanças climáticas e as práticas educativas, reconhecendo, ao mesmo tempo, que a compreensão deve ser combinada, por um lado, com processos de verificação (em relação aos riscos de erro e de incompreensão), e, por outro, com processos de explicação.

O ATO DA COMPREENSÃO, O RETORNO AO CONHECIMENTO

A educação continua, antes de tudo, a ser representada como uma preparação à vida que implica, em primeiro lugar, a aptidão a se adaptar ao ambiente material, econômico, social, ecológico, ético e político em que a condição humana está inscrita. É nesse sentido que devemos, mais do que nunca, ensinar a compreensão na educação, ou seja, "uma compreensão humana que comporta não apenas a compreensão do ser humano, mas também a compreensão das condições em que as mentalidades são moldadas e em que as ações são exercidas" (MORIN, 2004, p. 129). Entretanto, devemos tomar cuidado com "os múltiplos obstáculos exteriores à compreensão intelectual ou objetiva. A compreensão do sentido da palavra do outro, de suas ideias, de sua visão do mundo é ameaçada o tempo todo por todos os lados" (MORIN, 2000, p. 129). A questão que exploramos neste capítulo é então: como os jovens cidadãos podem integrar uma compreensão complexa que engloba, ao mesmo tempo, uma compreensão e uma explicação objetivas do desajuste climático?

Nossa abordagem de uma educação da compreensão sobre as mudanças climáticas está fundamentada no ensino de um pensamento crítico. Mostramos como uma compreensão complexa e um pensamento crítico são perspectivas em parte complementares. Um pensamento crítico é o que ensina ao indivíduo como raciocinar melhor e cujo primeiro imperativo é a contextualização. O pensamento restritivo (ou binário) sacrifica a complexidade em benefício da lógica clássica que ignora qualquer bifurcação, qualquer evidência, qualquer multidimensionalidade e qualquer multirreferencialidade.

Nossa convicção é a de que as abordagens em direção a uma alfabetização sobre as mudanças climáticas[12] são importantes para promover uma visão crítica do mundo e inspirar a participação cívica dos jovens. A compreensão tem como objetivo, então, a capacidade de um indivíduo de identificar e de compreender o papel que os efeitos do aquecimento global têm na sociedade-mundo, de criar raciocínios (julgamentos e ações) bem fundados e de utilizar os conhecimentos que respondem às necessidades da vida cotidiana do indivíduo como cidadão construtivo, implicado e reflexivo.

Recentemente, observou-se o aparecimento de questões ligadas às mudanças climáticas nos programas e/ou nos textos pedagógicos consagrados ao tema do meio ambiente no sentido amplo do termo. Essas questões, às vezes ligadas a um pensamento crítico do modelo social, podem parecer promissoras para a compreensão complexa e para a participação dos futuros cidadãos. Apesar de essa abordagem de aprendizado poder, em certos casos, encorajar o aluno a desenvolver formas de pensamento mais criativas, ela não é, necessariamente, percebida como promotora de uma consciência crítica. Ao contrário; no quadro institucional, a evolução das ideias, dos conceitos, das representações se mostra, às vezes, extraordinariamente difícil de ser desenvolvida em sala de aula, porque o imperativo para o professor continua sendo o "bendito" programa.

Gostaria de abrir um parêntese aqui: devemos concordar que a problemática que esboçamos e o projeto que estamos desenvolvendo desde 2014 têm poucas chances de chamarem a atenção dos decisores que nos governam. Os "políticos" não estão realmente interessados

---

12. O termo alfabetização é utilizado no sentido amplo. Ver sua definição no Capítulo 2, p. 64.

pela educação sobre as mudanças climáticas. Sem dúvida, porque ela só pode ser feita em uma escala de tempo que ultrapassa amplamente os limites dos calendários eleitorais. Além disso, para muitos decisores políticos, a ideia dos efeitos das mudanças climáticas se encontra em uma escala de tempo longínqua... aliás, o mundo científico tem a própria linguagem,

> a maior parte dos cientistas que comunicam sobre o clima pensam que a transmissão dos conhecimentos a um público ignorante basta para mudar seu estado de espírito e fazer com que os comportamentos evoluam (STOKNES, 2018, p. 17).

Sabemos que há objetivos ambiciosos (Plano Clima da Comissão Europeia 2018) em relação à luta contra o aquecimento global, mas eles exigem mudanças profundas, enquanto os decisores políticos permanecem reticentes em tomar medidas significativas.

> Não sei se sou otimista, sou realista sobre o que os políticos podem fazer para evitar os efeitos catastróficos das mudanças climáticas... (Jerry Brown, governador da Califórnia, *The New York Times*, setembro de 2018).

As abordagens críticas do ensino sobre uma compreensão das mudanças climáticas são feitas sobre o modo como os alunos podem aprender a participar em uma sociedade democrática crítica e participativa. Isso implica não apenas os estudantes que aprendem e utilizam a inteligência criativa de uma pluralidade de métodos para examinar problemas sociais, ambientais, econômicos e éticos, mas também os estudantes que aprendem a natureza e o papel da globalidade da biosfera. Os ensinos sobre as mudanças climáticas são considerados como políticos, no sentido de que os conhecimentos que eles transmitem são um elemento essencial de uma política da humanidade. É importante compreender que o ensino sobre as mudanças climáticas não é um método de ensino (no universo disciplinar), nem um programa de aprendizado único do que seria necessário ensinar para formar futuros jovens especialistas. Trata-se, sobretudo, de englobar, de abarcar todas as partes dos eventos do aquecimento global que se tornaram interdependentes umas das outras (no sentido psicológico, ecológico, sociológico e filosófico). Reconhecer e postular a complexidade climática do real

> é, além de tudo, admitir sua natureza, ao mesmo tempo, homogênea e heterogênea, sua opacidade e sua multidimensionalidade, que exige então, para uma compreensão mais detalhada, uma multirreferencialidade (ARDOINO, 2000, p. 258).

Até agora, mostramos que a compreensão das mudanças climáticas tem um papel importante na elaboração de explicações de uma realidade social. A etapa seguinte consiste em examinar o que os alunos devem saber sobre os efeitos das mudanças climáticas do ponto de vista de um ensino crítico. Em relação a isso, proponho três tipos de conhecimento. Um conhecimento das mudanças climáticas globais que se refira não apenas à capacidade de utilização de vários saberes, como a produção científica no sentido de compartilhamento de conhecimento, mas também a expressão dos saberes ancestrais, o desenvolvimento da contextualização em uma compreensão global do problema. Um conhecimento que integre a referência de uma "comunidade de destino" em toda sua profundidade, sua amplitude e sua atualidade. E um conhecimento criativo, em referência ao que Morin denomina de "criatividade complexa", ou seja, um conhecimento que

> inscreve o processo criativo no âmago de um contexto, de uma rede de relações e interações: bem longe de eliminar o indivíduo, ele adota uma ótica sistêmica aberta que reconhece a complexidade do processo criativo e faz da criatividade uma capacidade que pode ser cultivada (MONTUORI, 2014, p. 191).

Apesar de essas três formas de conhecimento serem interdependentes, a atenção dirigida ao conhecimento reflexivo é um aspecto distintivo do ensino crítico sobre as mudanças climáticas.

Enfim, enquanto constatamos, em certos meios, uma incompreensão dos eventos climáticos excepcionais, eles se tornaram, ao longo do tempo, indicadores de um *"Grande Acelerador"* — no sentido da velocidade — para retomar a expressão de Virilio (2010, p. 73). Se esses eventos influenciam nossas consciências, é fundamental encorajar não apenas os jovens, mas também os professores, em direção do saber reflexivo. Porque as lacunas (para não dizer as ignorâncias) dos conhecimentos dos professores sobre as questões climáticas e sobre os pontos de convergências científicos sobre o aquecimento global antrópico são preocupantes, para não dizer inquietantes, se considerarmos a maneira como o ensino climático é feito nas escolas. Os dois exemplos seguintes ilustram essas lacunas e a maneira como elas podem ser parcialmente preenchidas quando os professores participam em um projeto. Uma pesquisa realizada nos Estados Unidos em 2016 com os professores do Ensino Fundamental II e do Médio revelou que, mesmo se a maioria dos professores de Ciências (entre 70% e 87%) dedicam pelo menos uma hora de ensino para as mudanças climáticas, apenas um terço insiste no fato de que o aquecimento global é por causa da atividade humana, o resto (70%) acha que é devido a causas naturais (TONN, 2017). Isso quer dizer que ainda existe um "barulho" insistente que interfere na transmissão da informação, e que cria um mal-entendido ou uma incompreensão.

Em uma pesquisa que fizemos (GYCP, 2017) com professores do Ensino Médio em países latino-americanos (o Chile, o Peru, o Equador, a Colômbia e o México) a respeito do ensino sobre as mudanças climáticas, 53% dos professores entrevistados consideraram que o ensino sobre as mudanças climáticas deve ser feito a partir de exemplos práticos sobre as questões ambientais, em uma perspectiva, ao mesmo tempo, mundial (global) e nacional (local), o conjunto enquadrado por uma base jurídica sobre o tema do meio ambiente. Além disso, 40% dos professores consideram que é preciso acentuar, sobretudo, a utilização de ferramentas e, em particular, as técnicas visuais, imagens, iconografias, filmes, entre outros, e apenas 15% consideraram que era preciso, antes de tudo, uma formação para os professores sobre os novos conhecimentos para poderem sensibilizar os jovens a uma cultura do meio ambiente desde os primeiros anos[13].

ÉTICA DA COMPREENSÃO

Como vimos ao longo das páginas precedentes, as respostas aos desajustes climáticos têm um caráter multidimensional. Agora é de vital importância que todas as ações orientadas para o futuro englobem "valores éticos relativos às razões pelas quais as gerações atuais deveriam se preocupar com as gerações futuras" (TONN, 2017, p. 2). De certa maneira, uma ética da compreensão em relação às gerações atuais é explicitamente uma abordagem ética em nome das gerações futuras.

A questão que podemos levantar é: na esfera de nossas práticas cotidianas, como devemos compreender uma ética da compreensão e de uma conduta justa? Em vez de propor uma solução pronta, convidamos o leitor a se interrogar sobre os fundamentos das regras éticas e as implementar para viver e agir de acordo com seus princípios. Como sugere Morin (2000, p. 59),

> a ética da compreensão é um estilo de vida que solicita, em primeiro lugar, a compreensão de modo desinteressado. Ela solicita um grande esforço porque não pode esperar nenhuma reciprocidade: quem é ameaçado de morte por um fanático entende por que o fanático quer assassiná-lo, sabendo que ele nunca vai entender isso.

Falando de outra maneira, a ética da compreensão solicita que compreendamos o incompreensível. Para muitos, existe um tipo de

---

13. Pesquisa realizada em junho de 2017 por *crowdsourcing* com 250 professores do Ensino Médio no âmbito do projeto Global Youth Climate Pact. Disponível em: www.globalyouth-climatepact.org.

incompreensão para admitir que nosso planeta já esteja à beira do abismo. Observamos como as ameaças climáticas e a perda acelerada da biodiversidade ganharam importância durante os últimos anos (The Global Risks Report, 2020), o que indica uma percepção aguda do desajuste climático por parte dos indivíduos. Entre as ameaças mais urgentes que estamos enfrentando, temos o alarmante aumento da temperatura de, pelo menos, 3 °C até o final deste século.

> As consequências a curto prazo das mudanças climáticas levam a uma urgência planetária que incluirá perdas de vida, tensões sociais e geopolíticas. A perda da biodiversidade terá consequências críticas de implicações para a humanidade, do colapso alimentar e dos sistemas de saúde à desorganização das cadeias de fornecimento em sua globalidade (The Global Risks Report, 2020, p. 6).

A isso, adicionam-se os fracassos da política de atenuação e de adaptação às mudanças climáticas e os riscos de um fracasso da transição para uma diminuição das emissões de carbono. As fontes da incompreensão são múltiplas e, com frequência, infelizmente, convergentes.

Essa incompreensão pode ser refletida nos modelos de ensino--aprendizagem que são claramente monológicos, no sentido de que eles supõem um conjunto de conhecimentos fixos ensinados aos alunos sem contexto, "tal qual". Há pouco espaço para um saber refletido em tal perspectiva. Um conhecimento comum dos mesmos fatos ou dados não basta para uma compreensão mútua. É nesse sentido que poderíamos oferecer uma crítica aos conhecimentos que englobam os princípios paradigmáticos do clima e que determinam os modos de pensamento; essas duas visões do mundo são incapazes de se compreender mutuamente.

É preciso insistir na necessidade de um "pensar certo" por parte das gerações atuais quanto à situação, às perspectivas futuras e ao respeito de suas obrigações para com as novas gerações.

Além disso, as comunidades acadêmicas encarregadas da mediação dos saberes devem estar conscientes das heurísticas e dos preconceitos que os indivíduos utilizam quando tentam compreender o risco da incerteza (TONN, 2017).

O sistema climático mundial é um sistema complexo que não deve ser reduzido apenas à preocupação relativa às emissões dos gases de efeito estufa. Na ótica de uma ética da compreensão, os desafios enfrentados estão ligados à necessidade de compreensões mútuas em uma perspectiva de reforma das mentalidades. Enfim, "compreender é compreender as motivações interiores, é situar o complexo no contexto. Compreender não é explicar tudo. Compreender não é compreender tudo, é também reconhecer que a incompreensão existe" (MORIN, 2004, p. 138).

O "PENSAR CERTO" DAS MUDANÇAS CLIMÁTICAS

Como sugerimos anteriormente, será que precisamos levantar as questões certas para "pensar certo" sobre as mudanças climáticas? E quais seriam essas questões certas? Será que o aquecimento global que enfrentamos atualmente é irreversível? Será que as informações científicas de que dispomos são suficientemente fundamentadas para incitar as sociedades a reduzir suas emissões dos gases de efeito estufa? Será que a atividade humana está implicada em uma tendência irreversível do aquecimento global desde há mais de trinta anos? Será que existem países que realmente se engajaram na redução de suas emissões dos gases de efeito estufa?[14] Será que o aquecimento global é o tipo de problema a ser inscrito em um circuito reflexivo e que deve ser resolvido com respostas sociais progressivas? Todas essas questões foram argumentadas e debatidas abundantemente

---

14. Essa questão foi mais longamente tratada no Capítulo 2.

em relatórios e pesquisas científicas desde há décadas. No entanto, temos a impressão de que precisamos recomeçar tudo para podermos iniciar uma dinâmica atraente; é verdade que a situação é ainda mais incerta porque os indivíduos (nesse caso os jovens) não conseguem compreendê-la facilmente.

In fine, há uma questão de ordem moral que pode ser resumida da seguinte maneira: qual será a posição moral perante o sofrimento causado às vítimas do aquecimento global (incluindo os danos causados aos ecossistemas e as migrações climáticas previstas) que não são responsáveis pelas condições climáticas que causaram seus sofrimentos? Essa é a verdadeira questão que está surgindo. Os Estados Unidos e os outros grandes países emissores de CO_2 estão no centro da responsabilidade (VOLK, 2008).

Além de levantar as questões certas, é preciso apreender o conjunto, o texto e o contexto, o ser e seu meio ambiente, o local e o global, e o multidimensional, em resumo, o complexo, ou seja, as condições do comportamento humano. Isso nos permite compreender as condições objetivas e subjetivas do comportamento humano (*self-deception*, crença em uma fé, delírios e histerias). Mas como vamos conseguir atingir esse objetivo? Esses objetivos requerem uma profunda transformação dos modos e das lógicas de pensar, por conseguinte, de nossas "visões do mundo" que tentamos entrever ao longo das questões apresentadas anteriormente. Em outras palavras, tentamos mostrar, até agora, que não existe um método absoluto para ensinar as complexidades das mudanças climáticas. Agora nos aproximamos de um problema de fundo relativo ao "pensar certo" o desajuste climático, a saber, a conscientização da ideia segundo a qual a realidade mundial é justamente inatingível. Ela comporta enormes incertezas por sua complexidade, suas flutuações e suas dinâmicas. A inatingibilidade da realidade global retroage nas partes singulares, visto que o futuro das partes depende do futuro do todo (MORIN, 2000). Devemos integrar em nossa visão do mundo essa ideia do impossível possível. Em outras palavras, não podemos deixar de tratar a multidimensionalidade dos problemas humanos, que é a primeira causa do aquecimento global. Além disso, o clima se tornou um objetivo importante de uma "política da humanidade", e a expressão política da humanidade significa se ocupar da dimensão humana do futuro dos seres humanos no mundo. Quem acredita na realidade dos grandes desajustes climáticos esquece o caráter multidimensional, planetário e antropolítico das mudanças climáticas. Mas "não podemos passar do Local ao Global por meio de uma série de escalas combinadas como a ilusão criada pela utilização do zoom no Google" (LATOUR, 2017, p. 118). Precisamos "conceber uma política do Homem no mundo, política de responsabilidade planetária, política multidimensional, mas não restritiva" (MORIN, 1993, p. 167).

Enfim, para "pensar certo" sobre as mudanças climáticas não basta incluir todas as coisas e todos os fenômenos em um quadro ou em um horizonte planetário. Trata-se de continuar procurando a relação da inseparabilidade e da interação-retroação entre os fenômenos e seu contexto, e de qualquer contexto com o contexto da biosfera.

A CONSCIÊNCIA DA COMPLEXIDADE DAS MUDANÇAS CLIMÁTICAS

Vamos apresentar a seguir uma amostra do que poderíamos considerar como a emergência de uma consciência da complexidade das mudanças climáticas. De fato, a ação começa com um pensamento na dimensão de uma visão do mundo, da mente e da consciência. Tudo aqui é fundamental para construir de maneira interdependente uma resposta apropriada à complexidade das mudanças climáticas. A consciência, bem como nossa responsabilidade ética, constitui, de fato, um componente importante das respostas às mudanças climáticas. A consciência é importante porque isso diz respeito a toda humanidade, para além de nosso planeta, nos remetendo à consciência de nosso destino cósmico.

Os fenômenos mentais estão, em essência, ligados à consciência que é essencialmente subjetiva. Como indica John Searle, "a consciência é nossa vida" (SEARLE, 1992, p. 303). A consciência pode intervir no próprio curso do conhecimento, do pensamento ou da ação e constituir os momentos reflexivos do conhecimento, da ação e do pensamento. Assim, podemos incessantemente colocar nossa mente-espírito na órbita do metaponto de vista consciente e, em seguida, trazê-la de volta ao ponto de vista piloto, modificando assim o conhecimento, o pensamento e a ação segundo a conscientização. É por isso que devemos reforçar nossos próprios recursos da mente sobre qualquer coisa se quisermos cultivar a supervisão crítica, a esperança e, inclusive, a meditação. Um reforço de nossa consciência, de nossos valores e de nossas práticas é indispensável para responder aos desafios que o mundo enfrenta atualmente.

Mas sabemos que essa consciência "comum" é flutuante e se abstrai dos princípios que ela se impôs. Isso quer dizer que ela não é apenas um reflexo ótico da realidade do mundo que existe de maneira objetiva e independente dela, mas é, mais amplamente, e no estabelecimento dessa relação sensível ao mundo (ao corpo que lhe dá vida como ao mundo que ela reflete), uma instância de reflexão e de deliberação, uma instância que exige "uma ação", e mais especificamente uma "conscientização". As lógicas de explicação da emergência da consciência comportam uma parte importante de mistério, elas sempre emergem das interdependências.

> O pensamento ativa a inteligência e se ilumina pela reflexibilidade (consciência). A consciência controla o pensamento e a inteligência, mas precisa ser controlada por eles. A consciência precisa ser controlada ou inspirada pela inteligência, que precisa de conscientizações. Daí as múltiplas dificuldades para a emergência de uma consciência lúcida (MORIN, 2001, p. 103).

Moscovici mostrou que a sociologia contém, mas clandestinamente, uma teoria implícita da psicologia. Vamos transpor as ideias do autor para afirmar que qualquer abordagem referente aos fenômenos climáticos contém implicitamente, inclusive de forma clandestina, uma teoria de uma filosofia política. Nessa filosofia, as referências ao laço social, à comunidade de destino (humano) e a uma dinâmica coletiva não podem ser uma só e única visão (climática) se desejamos compreender a emergência, a evolução e o futuro da consciência. Como uma grande teoria, a passagem ao Antropoceno poderia realmente ser o próximo grande relato do desafio da humanidade, um tipo de "nova consciência".

Dizer que a consciência é um mistério não quer dizer que o problema da consciência seja difícil (MARKUS, 2017). Nossa ideia da consciência é que ela é essencialmente o reflexo das percepções e das representações que criamos dos fenômenos em que tomamos consciência das implicações. Quando tentamos sensibilizar sobre os efeitos das mudanças climáticas, buscamos, por fundamentos éticos, estimular uma conscientização de transformação, como Paulo Freire (1968), a saber, segundo uma acepção decididamente política na escala macrossocial. Como veremos em seguida, a percepção — consciência — que os jovens têm das consequências das mudanças climáticas em termos do futuro é explicitamente interpretada como uma verdadeira reviravolta em seus projetos de futuro como geração do futuro.

Questão: Será que não deveríamos pensar em uma mudança paradigmática mais profunda?

CAPÍTULO 7
Por uma ética do global

"Pela primeira vez, o Homem realmente compreendeu que é um habitante do planeta e que, talvez, deveria pensar ou agir sob um novo ângulo, não apenas sob o ângulo do indivíduo, da família ou do gênero, do Estado ou dos grupos de Estados, mas também sob o aspecto planetário" (Wladimir Vernadski).

Destacamos várias vezes neste ensaio que as influências perturbadoras do aquecimento global ocupam um lugar preponderante em nossa reflexão relativa ao ensino sobre as mudanças climáticas. Essa reflexão rompe com a concepção insular que isola o ser humano, físico, biológico, sociológico, antropológico, entre outros. Pelo contrário, ela o enraíza em um mundo multidimensional do destino da era planetária em que "o global do planeta determina os destinos singulares das nações, onde os destinos singulares das nações perturbam ou modificam o destino global" (MORIN, 2004, p. 183). O termo global, como a concepção de Mundo de Kostas Axelos, é o espaço-tempo da "aventura da errância, o jogo da itinerância" (AXELOS, 1984). Nesse sentido, devemos fazer o elo entre "a era planetária" (MORIN, 1993; 2004; 2015) e as particularidades locais (sociedade-indivíduo) que se encontram englobadas nele. Os componentes da globalidade são elementos e momentos de um grande ciclo recursivo em que cada um é, ao mesmo tempo, causa e efeito, produtor e produto. É verdade que existem distinções entre a dinâmica global (no sentido de um pensamento global) e a ética (no sentido do dever). A ética do global diz respeito a uma nova concepção dos valores e da consciência. Trata-se de ampliar os valores humanos a outras espécies. O biocentrismo e o planeta como portador do sentido global se substituiriam a uma visão etnocêntrica (centrada no Homem). Isso acentua a necessidade de integrar outros seres vivos no círculo de ética anteriormente centrado no Homem em uma visão do mundo antropocentrada (GARNEY, 2008). Tornou-se evidente, ao questionarmos sobre os desafios éticos ligados às mudanças climáticas, que a humanidade impacta diretamente no planeta, o que tinha sido anteriormente ilustrado pela *"grande aceleração"* (STEFFEN; CRUTZEN, 2008).[15] Isso acontece pela eliminação de espécies: "O *Homo sapiens* não será apenas a causa [do aquecimento global], mas também uma das vítimas", retomando as palavras de Leak (citado por KOLBERT, 2014, p. 315), em sua obra *Comme l'homme détruit la vie*[16], e ele é também a causa da poluição das águas e da mudança de composição atmosférica. Esse impacto ecológico de origem antrópica nunca foi tão profundo. Saber se isso significa uma crosta terrestre identificável que poderia nos fazer mudar de era geológica não muda muita coisa sobre a questão ética.

Essa é a ironia do Antropoceno: apesar de a humanidade como "comunidade de destino" nunca ter exercido tal pressão no planeta, desenvolvemos individualmente um grande sentimento de impotência ao ponto de ninguém se sentir responsável pela dinâmica global. Esse contexto influencia nossa vida política levantando a questão do "futuro da democracia". Sentimos isso em nossa percepção moral das coisas quando debatemos, por exemplo, sobre o que poderemos fazer como indivíduo, sobre a possibilidade de viver eticamente em um mundo marcado pelos desajustes das mudanças climáticas e pelos

---

15. Ver Capítulo 4, p. 95.
16. Como o homem destrói a vida (tradução livre do tradutor).

desastres ecológicos, pela concentração da produção em fábricas de miséria, em um mundo em que cada vez mais pessoas vivem de modo diferente um tipo de desesperança, de mal-estar (JAMIESON; NADZAN, 2014). Em sua obra *Reason in a dark time* (2014), Jamieson questiona o problema moral das mudanças climáticas tentando reabilitar "o Espírito das Luzes" com a ideia de que podemos agir em nosso sistema político, em nosso sistema moral e em nosso sistema econômico... Seria tão simples dizer: "O que estamos esperando para agir?" Não! O desafio é então tentar compreender por que há uma ruptura no sistema moral quando enfrentamos problemas tais como as mudanças climáticas.

Aliás, Jamieson chega à mesma constatação de Glantz (1979), que, desde o fim dos anos 1970, informou a existência de artigos de jornais científicos americanos avisando que, se continuássemos a queimar carvão, correríamos o risco de mudar a temperatura do planeta. Hoje, constatamos então que isso havia sido previsto há mais de quarenta anos. O conhecimento dos fatos já existia e até havia certa consciência entre as pessoas que se interessavam por essas questões e que tinham uma formação sobre isso. Mas estávamos presos em nossa concepção do mundo tecnoeconômico do excesso, continuando, ao mesmo tempo, a nos dirigir a um planeta cada vez mais quente, apesar do fato de termos um esboço de consciência.

A obra de Jamieson analisa as razões históricas do fracasso global de nosso sistema de pensamento (Morin diria nosso "modo de pensamento") e de nosso sistema de ação. Nesse sentido, *Reason in a dark time* (2014) não pode ser considerado com um olhar pessimista; ao contrário, é um tipo de autópsia realista que se concentra em compreender realmente o que não funcionou em nossa tentativa de conscientização ética das mudanças climáticas. Outro interesse desse livro é fazer compreender como poderíamos recuperar nossa capacidade de ação e nossa compreensão das coisas para melhor entrever os problemas postos agora pelo Antropoceno. Não podemos começar a agir coletivamente sem ter uma conscientização de nossa capacidade de ação coletiva e da necessária responsabilização individual. Eu adicionaria que não se trata apenas da questão da responsabilidade individual, mas também da questão da responsabilidade geracional. Apesar de as mudanças climáticas levantarem a questão da natureza de nossas responsabilidades em relação às gerações futuras, ela deveria ser levantada nos dois sentidos em relação às gerações atuais. Como destacou Vernadsky (1997, p. 269), "nem a vida, nem a evolução das espécies poderiam existir independentemente da biosfera", e essa ideia deve ser inserida na conscientização, segundo a qual: "A relação do Homem com a natureza não pode ser concebida de modo restritivo ou de modo disjunto" e aceitar que "a humanidade é uma entidade planetária biosférica" (MORIN, 2004, p. 185).

Isso nos oferece o argumento de que o conhecimento é o caminho necessário para chegarmos ao incognoscível. De fato, apesar dos avanços significativos no conhecimento de nosso sistema Terra, a incompreensão aumenta e somos incapazes de diminuir esse progresso cego de maneira a despertar nossas consciências éticas.

Como Morin (2014, p. 110) bem destaca:

> Somos totalmente responsáveis por nossas palavras, por nossos escritos e por nossas ações, mas não somos responsáveis por sua interpretação, nem por suas consequências. O que coloca a aposta e a estratégia no âmago da responsabilidade.

A visão do futuro a serviço de uma ética provém de uma conscientização do engajamento, bem como de uma convicção adequada para nos incitar à ação no sentido da responsabilidade.

O CICLO ENTRE O LOCAL-INDIVÍDUO E O GLOBAL-SOCIEDADE PELA AÇÃO DOS JOVENS

O que segue não é a enésima discussão sobre a trivial obsessão da articulação global/local tratada inúmeras vezes e em diversas formas. Vamos mostrar, sobretudo, como "copilotar" o engajamento e as práticas que podem dar sentido ao imperativo ético. O interessante aqui é que o saber, o querer e o engajamento são coletivos, por conseguinte, exercem uma função, ao mesmo tempo, ética e política. Tentaremos ilustrar esse tipo de interação com três exemplos.

O ciclo entre os níveis local-indivíduo e global-sociedade requer um diálogo da ética com as ciências naturais, climáticas, sociais e humanas. Devemos observar a natureza principalmente normativa das questões ligadas aos desajustes climáticos, que são numerosas e complexas. Tentaremos responder ao desafio ético não por um diagnóstico crítico, mas pelas ações que respondem precisamente aos desafios das mudanças climáticas em nível dos territórios. Essas ações são proporcionais ao desafio dos efeitos nefastos e comportam uma autoavaliação das implicações éticas em termos de ação. A escolha de cada ação é, na prática, o resultado de um processo duplo: uma cooperação aberta e reativa entre os cientistas e os estudantes do Ensino Médio, que podem trazer suas respostas graças ao compartilhamento de saberes. A escolha da ação, propriamente dita, deve ser o resultado de um processo participativo entre o professor, os jovens e a comunidade. Além disso, esses jovens deverão estar conscientes da interação existente entre as dimensões natural, social, cultural, política, econômica e ética das mudanças climáticas mundiais. Essas ações são feitas como parte das atividades escolares, cuja natureza exige um diálogo entre os conhecimentos em um espírito interdisciplinar.

As três experiências consideradas são feitas pelos alunos, jovens estudantes do Ensino Médio, e se situam em diferentes contextos socioculturais e geográficos: zona semiárida do norte do Chile, floresta úmida na África central e território insular do Pacífico do Sul (Ilha de Páscoa). No Epílogo, retomaremos as experiências sociais feitas no âmbito de nosso projeto (p. 153-173). Nesses três territórios foi imperativo estudar os efeitos das mudanças climáticas de maneira rigorosa e específica para enfrentar as incertezas que poderiam aparecer e para compreender melhor como as ameaças eticamente inaceitáveis justificam a ação coletiva. É impossível formatar os contornos dessas articulações éticas sem antes considerar as mudanças climáticas como espaço de incertezas que pedem uma ética bem específica (UNESCO, 2010). Aliás, é interessante mostrar, com exemplos, as escolhas dos jovens das regiões mais expostas, como eles se conscientizam da natureza dessa vulnerabilidade e como organizam conscientemente os saberes e as ferramentas necessárias para enfrentar os acasos das mudanças climáticas. Enfim, esses três exemplos ilustram um *deficit* importante em termos de conhecimentos nos campos como o clima e o meio ambiente.

A cooperação entre três atores: cientistas, professores e alunos, em espírito de "reconhecimento recíproco", permite contextualizar a complexidade do desajuste climático. No norte do Chile se encontra uma zona semiárida, entre um clima desértico de transição e um clima mediterrânico. Hoje, essa região se encontra em uma situação de desastre em termos de seca. As mudanças climáticas afetam diretamente os recursos hídricos que levam os alunos a agirem por meio de uma experiência de sistemas de produção mais eficazes, em particular, em uma melhor utilização da água e na reconversão da agricultura local em uma agricultura familiar mais respeitosa do meio ambiente de baixas necessidades hídricas.

O segundo caso levanta o problema ético, mais amplamente, da compensação justa, da culpa, da responsabilidade e da reparação. Trata-se das florestas da bacia do Congo, incluindo ainda as zonas florestais preservadas, entre as mais ameaçadas do planeta. Os fatores originários das ameaças de desmatamento dessa região são conhecidos e denunciados com frequência pela opinião internacional: as práticas das grandes empresas florestais que operam em total impunidade nessa região da África, onde as leis são burladas com a anuência da administração local e das instâncias internacionais. É dentro das comunidades autóctones, principalmente com os jovens pigmeus, que englobam várias etnias de diversos países (a República Democrática do Congo, a República dos Camarões, a República Centro-Africana), que encontramos as ações em reação à degradação das florestas e as contribuições para a luta contra as mudanças climáticas. De fato, esses jovens pigmeus, por meio de um programa de "guardiães das florestas", participam de uma experiência para a conscientização da degradação das florestas e para a alfabetização sobre as mudanças climáticas para os jovens alunos.

Enfim, um último exemplo vem do Pacífico Sul, mais precisamente da Ilha de Páscoa. O projeto é o resultado do número crescente de compartilhamentos entre os cientistas e quatro tipos de atores locais: estudantes, direção das escolas de Ensino Médio, diretores administrativos da educação e um representante autóctone, que tem a função de transmissão de tradições ancestrais.[17] As discussões sobre as mudanças climáticas contextualizadas na realidade local da ilha conduziram à identificação de inúmeras variáveis socioculturais que foram integradas nas ações propostas pelos jovens. A representação simbólica que as autoridades educativas da Ilha de Páscoa têm dos problemas ligados às mudanças climáticas é consideravelmente diferente das preocupações sentidas pelos jovens ilhéus quanto ao impacto dos efeitos das mudanças climáticas em seu território insular.

Esses três exemplos são uma ilustração do que chamamos de um grande ciclo recursivo em que cada um ou cada uma é causa e efeito, produtor ou produto da singularidade e, ao mesmo tempo, da globalidade de nossas ações. Esses três casos mostram como as gerações atuais contribuem eticamente para o futuro das gerações futuras. Essas experiências se distanciam da leitura segundo a qual a obrigação de conhecer, prever, prevenir as mudanças climáticas é direcionada para as gerações atuais, em particular os adultos, enquanto não sabemos como fazer para compartilhar isso com aqueles que vão realmente enfrentar os efeitos. Tentamos fazer aparecer em cada experiência, além da conscientização da complexidade de um desajuste climático, a riqueza de uma grande variedade de interações e de retroações de nossa biosfera.

Do ponto de vista geracional, as mudanças climáticas abrem uma brecha significativa em termos antropoéticos, porque, cada vez mais,

---

17. Gostaria de expressar meus sentimentos em memória de Nua Miriam Tuki Paté, oriunda da Ilha de Páscoa, que faleceu em março de 2020.

as relações íntimas homem-natureza, que fazem parte integrante da diversidade cultural planetária, estão perdendo seu lugar, daí a importância de uma abordagem que comprove uma "consciência ética do clima".

A natureza das vulnerabilidades potenciais e as incertezas éticas em torno de uma resposta apropriada contêm em seu interior uma série de interrogações morais e políticas mais amplas, que tocam os direitos fundamentais do ser humano e a própria essência da justiça, do bem e da igualdade (UNESCO, 2010, p. 14).

Para as gerações futuras dos povos tradicionais pigmeus, Rapa Nui, as mudanças climáticas causam diferentes tipos de riscos "existenciais", ameaçam a sobrevivência cultural e atentam contra os direitos humanos das populações autóctones (pilhagem maciça dos recursos, massacre nas florestas do Congo).

Isso coincide com as conclusões de Crate e Nuttall (2009, p. 14):

As consequências das modificações dos ecossistemas têm consequências na utilização, na proteção e na gestão da fauna, da pesca e da floresta. Elas afetam a utilização tradicional das espécies e dos recursos importantes no plano cultural e econômico. Os efeitos das mudanças climáticas não implicam apenas a capacidade das comunidades ou das populações de se adaptar ou de exercer sua resiliência perante mudanças sem precedentes, [...].

Ressalta-se que eles também protegem contra as pilhagens das riquezas por algumas nações.

Atualmente, devemos admitir que, de maneira geral, a geração atual se encontra em uma condição indeterminada em relação a qualquer geração futura, porque ela mesma se encontra em uma posição unilateral: situação de agir impunemente à medida que não há reciprocidade possível da parte das gerações futuras. A reciprocidade é,

entretanto, um pressuposto central dos quadros deontológicos, utili-
tários e contratuais, bem estabelecidos em nível da tomada de decisão
moral. No entanto, continuam valendo as questões que Tonn levanta,
a saber: "por que as gerações atuais deveriam se preocupar com as gerações futuras? As obrigações das gerações atuais são intrinsecamente
éticas em relação às gerações futuras? Será que representam valores
ancorados profundamente na consciência ética?" (TONN, 2017, p. 2).
As ações empreendidas pelos jovens são aqui compreendidas como
engajamentos em relação às gerações atuais, mas situando-se também
em um plano ético a favor das gerações futuras.

Gostaria de retomar agora uma ideia expressa por Hans Jonas
em seu ensaio *Pour une éthique du futur*[18].

> Só poderemos exercer a responsabilidade crescente que temos em cada
> caso, querendo ou não, se nossa previsão das consequências aumentar
> na mesma proporção. Idealmente, a amplitude deveria ser a mesma
> que a da cadeia das consequências. Mas tal conhecimento do futuro é
> impossível (JONAS, 1998, p. 82).

A CONSCIÊNCIA ÉTICA

Estamos convencidos agora de que, apesar de todos os retro-
cessos e inconsciências que estamos sofrendo, uma consciência ética
está se esboçando, tanto nas questões tratadas pelos jovens quanto
nas ações de implementações. De fato, as questões de ordem ética
estão onipresentes nas discussões que temos com os jovens. Esse
esboço de consciência ética está cada vez mais presente, visto que a
ameaça das mudanças climáticas continua sendo um fator explícito
de transformação, ao mesmo tempo, persistente e irreversível. Os
jovens constatam que o desajuste climático ressuscita a globalidade

---

18. Por uma ética do futuro (tradução livre) (N.T.).

de uma ameaça para a humanidade, nossos sistemas (econômicos, políticos, sociais, ambientais, entre outros) se tornaram vulneráveis em escala planetária. Eles enfrentam as influências perturbadoras do aquecimento global.

É com esse elo consubstancial com a biosfera que devemos conceber uma consciência climática planetária que ultrapasse o discurso dominante do aquecimento global, essencialmente linear e determinista, enfatizando as emissões dos gases do efeito estufa de origem antrópica. Mas afirmamos neste ensaio que as sociedades humanas e suas atividades devem ser reconstituídas em um sistema de circuitos complexos e retroativos. O objeto clima está enraizado cada vez mais profundamente na biosfera, e isso em função da multiplicação dos processos de degradação e de poluição dos continentes e dos oceanos. Uma ameaça global da vida do planeta foi detectada há mais de quarenta anos (GLANTZ, 1979) e um limite crítico logo será ultrapassado. Agora os decisores devem tomar medidas deliberadas para reduzir os impactos perigosos em nosso sistema terrestre, observando e modificando eficientemente os comportamentos individuais e coletivos. Apesar de existirem muitas incertezas e de o debate ainda estar longe de ser resolvido sobre a maneira de como isso deve ser feito — ética, equitativa e economicamente —, não restam dúvidas de que os aspectos normativos, político e institucional, são muito contestados.

Daí a necessidade de uma conscientização progressiva para aceitar que as transformações necessárias para conseguirmos chegar a uma "Via" da Terra estabilizada precisam de uma reorientação fundamental e de uma reestruturação das instituições nacionais e internacionais, visando à governança mais eficiente em nível do sistema terrestre. Mas somos obrigados a ver que as preocupações planetárias estão mais voltadas para a governança econômica, para o comércio mundial (tratados de comércio livre), para os investimentos e as finanças, para o desenvolvimento tecnológico ("inteligência artificial"), entre outros.

Em recente artigo, Steffen *et al.* (2018) mostram que as retroações dos desajustes climáticos, como o derretimento do oeste da Antártica, o desmatamento e as emissões dos gases do efeito estufa, estão agravando o risco do "efeito dominó" a partir de um aquecimento de 2 °C — que pode ser atingido antes de 2100. Esse estudo estima que essas "retroações" possam levar "o sistema terrestre a um limite planetário e provocar um aquecimento contínuo". Esse texto levanta três ideias cruciais em termos de consciência ética para a humanidade:

> A atividade humana rivaliza com as forças geológicas influenciando a trajetória do sistema Terra. As diferentes sociedades no mundo contribuíram de maneira diferente e desigual nas pressões exercidas no sistema terrestre e vão ter capacidades variadas para modificar as trajetórias futuras. Os impactos humanos no sistema Terra devem ser levados em consideração para a análise das trajetórias futuras (STEFFEN *et al.*, 2018, p. 8.252).

Enfim, esse texto finaliza levantando-se algumas questões que deveriam despertar nossa consciência profundamente:

> Será que a humanidade corre o risco de fazer o sistema ultrapassar para além do limite planetário e se engajar de maneira irreversível em um caminho terrestre de uma "Terra quente"? Quais seriam os outros caminhos possíveis na paisagem complexa da estabilidade do sistema terrestre e quais poderiam ser os prováveis riscos? Quais seriam as estratégias necessárias de gestão do planeta para manter o sistema terrestre em um estado terrestre estabilizado e controlável? (STEFFEN *et al.*, 2018, p. 8.256).

O FUTURO DA ADAPTAÇÃO OU A ADAPTAÇÃO SEM FUTURO

Apesar de concordarmos em afirmar nesse relato dominante das mudanças climáticas que o Homem é uma "força externa que modifica o sistema terrestre [...] e que, quanto maior for a força em termos de emissões dos gases do efeito estufa antrópicas, mais a temperatura média mundial será elevada" (STEFFEN *et al.*, 2018, p. 8.256), o argumento amplamente linear e determinista é que isso exigiria que os seres humanos tomassem medidas integrais e adaptativas para reduzir os impactos negativos em nossa biosfera. Como mencionamos no Capítulo 5, ainda existem muitas incertezas e debates sobre a maneira como isso poderia ser feito e esses debates não chegaram, de modo algum, a nenhuma solução, nem técnica, nem econômica, nem eticamente.

Os efeitos do desajuste climático não implicam apenas a capacidade das comunidades ou das populações de "se adaptarem" e de exercerem sua resiliência perante as mudanças sem precedentes. Ela implica ainda mais o futuro de uma política focalizada excessivamente na ideia das "capacidades adaptativas", sabendo que essa escolha de orientação preconizada como normativa das estratégias sobre as mudanças climáticas está longe de ser unânime e de ser vista como uma solução milagrosa pelos atores como resposta às mudanças climáticas.

Para Adger (2013, p. 112), a adaptação origina-se de uma abordagem cultural:

> a cultura é importante para compreender, ao mesmo tempo, a atenuação das mudanças climáticas e a adaptação a esse evento; logicamente, ela tem seu papel na definição das mudanças climáticas como um evento inquietante para a sociedade. A cultura está ancorada nos modos de produção, de consumo, de modos de vida e de organização social dominantes que provocam as emissões dos gases do efeito estufa [...]. A cultura também é essencial para a compreensão e para a implementação da adaptação: qualquer identificação dos riscos, quaisquer decisões relativas às respostas e aos meios de implementação são mediatizadas pela cultura.

Aceitamos a ideia de que a cultura seja uma das alavancas para apreender a adaptação, mas o que ultrapassa as discussões sobre a possibilidade de se adaptar (FELLI, 2016), e que pode ser novo, é que o destino histórico do "regime climático" foi integrado nesses últimos anos ao destino planetário caracterizado por uma nova unidade de tempo geológico: a era do Antropoceno, em que a atividade humana deixa uma marca onipresente e persistente na Terra (WATERS, 2016). Talvez já tenhamos ultrapassado os limites do que Steffen (2018) considera como "o limite planetário", para além do qual nenhum problema fundamental provocado pela humanidade possa ser resolvido na situação atual de nossas sociedades. As "capacidades adaptativas" como futuro das estratégias de gestão de nosso planeta continuam sendo então uma pseudossolução, a partir do momento em que são concebidas em um sentido conveniente às condições bem precisas da ação humana. Agora o destino levanta uma questão-chave com uma insistência extrema. Como estamos na era do Antropoceno, uma dessas questões-chave é: como parar a aceleração inevitável da "máquina clima" se não questionarmos a "megamáquina econômica globalizada" sem fronteiras e "fora da lei", cujos atores são as forças vivas, transportadas pelos fluxos transnacionais e animadas apenas pelo desejo do lucro?

Apesar da vontade de reconceptualizar a adaptação como "resposta" à dimensão humana das mudanças climáticas, isso continua a ser geralmente malvisto na realidade, inclusive mal aplicado em certos casos. A amplitude e o caráter vital dos problemas planetários, entre os quais o problema climático, reconhecido agora como um dos principais, requerem políticas, estratégias e/ou ações concebidas para reduzir as desigualdades perante os efeitos do aquecimento global, porque não somos iguais perante o aquecimento global! Nesse sentido, o problema do clima é puramente político.

Voltando ao nosso ponto de partida, sem querer falar de "globalogia", nem transformá-la em "divindade suprema", o "problema levantado à humanidade é, ao mesmo tempo, fundamental e global" (MORIN, 2004, p. 228), fundamental porque chegamos a um momento em que "as mudanças climáticas e outras atividades humanas correm o risco de iniciar pontos de inflexão da biosfera em toda uma série de ecossistemas" (LENTON *et al.*, 2019, p. 583), global porque vivemos em tempos de interdependência, "cheios de fé e vazios de pensamentos", para retomar as palavras de Axelos (1991).

ENSINAR A CIDADANIA DE UMA "COMUNIDADE DE DESTINO"

Chegamos à questão crucial: como vamos fazer para ensinar uma cidadania que inclua o imperativo da contextualização? Conhecer as finalidades é hoje crucial: não sabemos o que vai acontecer no futuro, mas essas finalidades podem nos guiar na ação.

Devemos nos conscientizar dos problemas fundamentais e globais. Ensinar a cidadania, se ela realmente tiver um sentido, difere consideravelmente dos conceitos arcaicos do ensino cívico. Sem esquecer os saberes disciplinares, devemos refletir sobre a competência geral necessária para sermos capazes de reagir como cidadãos críticos nas sociedades de hoje. Logo, ensinar a cidadania de uma comunidade de destino implica uma discussão para esclarecer o futuro. Inscrever-se nessa visão da globalidade significa aceitar que nosso enraizamento na biosfera se encontra intrinsecamente ligado a uma conscientização de nossos problemas comuns de vida... Essa nova visão das coisas pode ser considerada como compatível com uma reflexão ética em que o reconhecimento de uma "comunidade de destino" implica uma responsabilidade humana. Tais discussões podem levar a um esclarecimento sobre o que compreendemos como ética da responsabilidade.

Ainda sobre esse ponto, a noção de responsabilidade se estende hoje a novos campos, como o da questão dos fenômenos climáticos. Segundo a ideia comumente aceita, podemos fundar uma ética da responsabilidade partindo de grandes princípios, nossos comportamentos e nossas ações sendo considerados como responsáveis. Mas, na vida em sociedade, podemos ter comportamentos por convicção (ética da convicção) e/ou por responsabilidade (ética da responsabilidade). Entretanto, não se trata de dois tipos de ética mutuamente excludentes, mas de uma graduação entre situações relativas ao antagonismo, à complementaridade e à concorrência. Daí a necessidade de ultrapassarmos uma ética da responsabilidade puramente individual (no sentido moral) e de estendê-la, seguindo o grau de consciência, a "uma corresponsabilidade exercida nas e para as atividades sociais coletivas" (ATLAN, 2003, p. 45).

Enfim, em razão do peso sentido das ameaças (TONN, 2017), são muitos os que acham que a situação enfrentada pela humanidade a levará a ultrapassar um limite planetário irreversível. O caminho de uma ética cidadã no sentido de uma corresponsabilidade coletiva *a priori* está começando a ser desenhado, em que ser

> responsável é considerado como estar encarregado de algo ou de alguém (comunidade). Essa "corresponsabilidade" está ligada à natureza do ser humano com suas capacidades de representação, determinado a agir, a sentir, a falar e a pensar, tudo ao mesmo tempo, e [ela] não depende da natureza de tomada de decisão, nem de sua execução e nem de seus eventuais efeitos (ATLAN, 2003, p. 84).

Em resumo, e para retomar a ideia de Atlan, a responsabilidade, no sentido de uma ética global do futuro, é uma questão ontológica e de relações sociais, associada incondicionalmente à comunidade de destino. Como veremos, esses dois aspectos (ética global e comunidade de destino) podem não se contradizer se os considerarmos como a perspectiva de uma pedagogia ou de uma educação para as mudanças climáticas.

A HUMANIDADE, AS MUDANÇAS CLIMÁTICAS E O DESTINO PLANETÁRIO

A compreensão dos pontos de vista sobre a evolução do clima e sobre os desajustes climáticos mostra o entrelaçamento do destino da humanidade — dimensão humana — com o do planeta e do ecossistema global — biosfera. A consciência de que o destino da humanidade não é um destino exterior ao da natureza viva, mas que depende vitalmente dela, é primordial (MORIN, 2015). Assim, a consciência da relação antropoecológica nos mostra os limites de nosso sistema terrestre.

Vamos ao problema central: os elos entre a humanidade, as mudanças climáticas e o destino planetário. Essa tríade não é explicativa em si mesma. É evidente que há uma ameaça real para os bens comuns de nossa humanidade e os seus danos são conhecidos porque já os estamos presenciando. Também sabemos que precisamos de um questionamento radical de tudo o que é uma ameaça para a biosfera em nossos comportamentos. O que não é evidente é a existência de uma consciência extraordinária em nível de nossos atos, na escala dos valores dos elos indefectíveis entre nossa condição humana e a biosfera. Tampouco é evidente a existência de um reconhecimento da biosfera como "responsável cósmica da casa comum" (Encíclica *Laudato si'*). Devemos transcender essa dificuldade pelos e por meio dos conhecimentos, devemos buscar o elo entre o princípio incontestável de humanidade e o destino planetário a partir das realidades concretas dos eventos do aquecimento global.

Talvez não saibamos, mas nosso destino planetário foi selado há mais de meio século quando os primeiros cientistas avisaram o presidente Lyndon B. Johnson sobre o aquecimento climático. Isso aconteceu, mais exatamente, no dia 5 de novembro de 1965, quando os climatologistas resumiram os perigos ligados ao aumento da poluição pelo dióxido de carbono em um relatório científico cuja introdução era premonitória. "Os poluentes modificaram, em escala mundial, o teor do dióxido de carbono do ar e as concentrações de chumbo nas águas oceânicas e nas populações humanas" (BROECKER, 1965).[19]

Esse relatório também destacou a questão das escalas de tempo, indicando que os modelos climáticos poderiam prever de maneira

---

19. Em 5 de novembro de 1965, o comitê consultivo do presidente americano Lyndon B. Johnson entregou-lhe um relatório científico intitulado "Restabelecer a qualidade de nosso meio ambiente". Esse comitê era composto de: Wallace Broecker, Harmon Craig, Charles Keeling, Roger Revelle e John Smagorisnky.

razoável as futuras mudanças de temperatura da superfície do planeta. Alguns anos mais tarde, Broecker, um dos autores desse relatório, mostrou a evolução inevitável das emissões de CO_2 entre 1975 (período do modelo fordista) e 2015 (período correspondente ao modelo ultraliberal) no artigo "Mudanças climáticas: será que estamos à beira de um aquecimento climático global?". Isso mostra como é importante fundamentar as previsões futuras em uma base física sólida. Aliás, os climatologistas compreendem bem mais o funcionamento interno do clima mundial do que os "céticos" gostariam. Lembremos que as projeções futuras comportam grandes zonas de incertezas, devido aos acasos do comportamento humano e das interrogações não resolvidas sobre a rapidez da reação do planeta à acumulação de CO_2.

Agora estamos enfrentando um verdadeiro dilema, consequência das políticas de não interferência e das exclusivamente econômicas, em que as ameaças mortais são múltiplas: poluição urbana, agrícola, atmosférica, fluvial, lacustre, marítima, degradação dos solos e dos lençóis freáticos, desmatamento maciço, entre outros. Os governos neoliberais não estão mais se concentrando no bem-estar de seus cidadãos, eles estão se orientando há muito tempo para os interesses estritamente econômicos e financeiros a curto prazo (BANERJEE, 2008; CHOMSKY, 1999). Em resumo, a conjunção desses perigos e do egoísmo constitui uma ameaça para os habitantes da Terra e, logo, para toda a humanidade... Podemos dizer, parafraseando o escritor martinicano Édouard Glissant: A Terra está preocupada.

Questão: Como promover uma consciência ambiental nos cidadãos?

EPÍLOGO

Um agir geracional perante a urgência climática

"Tanto no Norte, como no Sul, como no Ocidente e como no Oriente, precisamos que a consciência de todos se torne uma consciência ecológica, ou seja, enraizada no que nos dá a vida... O cidadão do Mundo deve estar convencido que o Homem está vivendo uma revolução, uma revolução filosófica" (Jean Malaurie, 2008).

Aqui estamos, caro leitor, no final deste texto, depois de ter exposto os fundamentos dos sete saberes necessários à educação sobre as mudanças climáticas, seus objetivos e seu sentido. A questão é: como transformar essas ideias em atos? "Onde vamos aterrissar?", no sentido de colocar os pés no chão, para retomar o título da obra de Latour (2017). O que deveríamos fazer, de maneira geral? E o que os estudantes do Ensino Médio deveriam fazer para se organizar perante os desafios climáticos?

Ao longo de 2014, enquanto os preparativos para a Conferência Mundial sobre as Mudanças Climáticas COP21 (Convenção-Quadro das Nações Unidas sobre a Mudança do Clima, CQNUMC) avançavam, o relatório do grupo de especialistas intergovernamental sobre a evolução do clima (IPCC, 2014) destacava o papel das atividades humanas no desajuste climático e suas principais manifestações. Qual é a opinião dos jovens sobre isso? Não seria mais interessante conhecer suas propostas? Não serão eles os mais afetados pelo futuro do planeta? Não deveríamos saber o que eles pensam sobre as medidas preconizadas, atuais e futuras, implementadas para a luta contra o aquecimento global? Como eles concebem uma sociedade mais justa perante as mudanças climáticas e mais responsável por seu impacto ambiental?

O projeto Pacto Mundial de Estudantes sobre o Clima (Global Youth Climate Pact[20], em inglês) nasceu em 2014 para responder a essas interrogações. Vários objetivos foram fixados desde o início: conscientizar os alunos do Ensino Médio sobre o desajuste climático e levá-los a um engajamento cidadão para poderem não apenas fazer valer suas opiniões no debate público, mas também participarem ativamente por meio dos projetos de ação a partir de 2017.

Na primeira fase, preparamos os estudantes do Ensino Médio para sua participação na COP21, na qual apresentaram suas propostas em várias reuniões. Para isso, implementamos práticas educativas criativas, por uma elaboração de conhecimentos e uma "práxis pedagógica" menos reificada que as práticas convencionais, que pudessem contribuir nessa conscientização. Na segunda fase, o resultado dessa experiência e essa dinâmica foram utilizados para a elaboração dos projetos de ação. Então, os objetivos são:

---

20. Disponível em: www.globalyouthclimatepact.eu.

1. **Compensar o *deficit* de informação nas escolas de Ensino Médio,** "conscientizar" à educação do meio ambiente e aos desafios das ciências do clima relativos aos danos mais graves ao meio ambiente e suas consequências no planeta Terra, informação que os alunos vão coletar para a elaboração de seus projetos de ação;

2. **Acompanhar os alunos no conhecimento e no desenvolvimento da reflexão** sobre os fenômenos complexos do meio ambiente ligados às mudanças climáticas, e usar essa complexidade na concepção e implementação de seus projetos;

3. **Concretizar um "pensamento crítico" do aquecimento global e dos desafios planetários** a partir de ações concretas, mostrando o uso que eles fizeram desse conhecimento em seus projetos;

4. **Dar a palavra aos jovens estudantes** para que contribuam no alerta à opinião pública sobre as consequências irreversíveis das mudanças climáticas previstas pelo relatório do IPCC e mostrar como seus microprojetos constituem uma mina de ideias para implementar esses engajamentos;

5. **Alertar constantemente a opinião pública e os Estados** sobre os danos ambientais induzidos pela não implementação dos engajamentos assumidos nos tratados das conferências mundiais sobre as mudanças climáticas e restituir os projetos de ação nas conferências.

Em primeiro lugar, mostraremos a progressão da consciência e do conhecimento das mudanças climáticas dos jovens entre 2014 e 2019; em seguida, apresentaremos como os projetos de ação surgiram em paralelo a partir de 2016.

A figura a seguir ilustra as dimensões criativas do projeto GYCP e suas interações.

Figura 3. As dimensões criativas do programa Global Youth Climate Pact

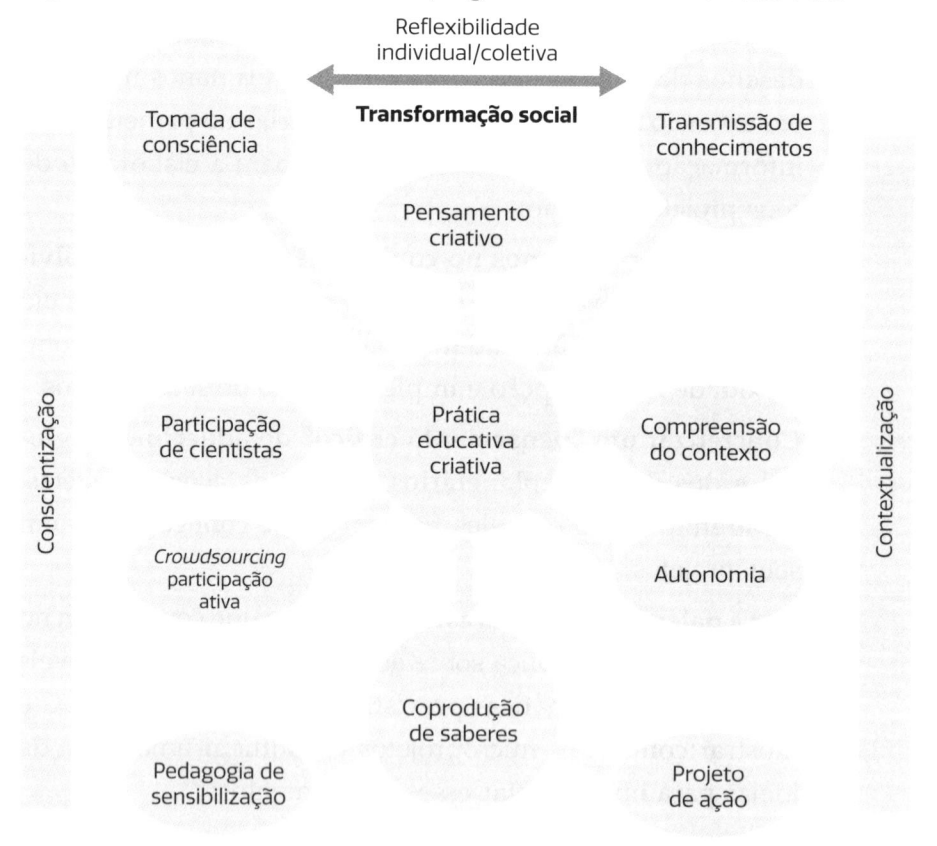

Fonte: Elaborada pelo autor.

A PERCEPÇÃO DAS MUDANÇAS CLIMÁTICAS PELOS ESTUDANTES DO ENSINO MÉDIO E SUA EVOLUÇÃO RECENTE (2015-2019)

Visando aos preparativos da COP21 em Paris, em 2015, mais de 200 jovens de uma dezena de países compartilham suas visões do futuro do planeta afetado pelos efeitos dos fenômenos climáticos e os reúnem em propostas. Essas propostas foram elaboradas e discutidas coletivamente em salas de aula e durante vários encontros presenciais. Em seguida, essas propostas foram reunidas em um encontro de quatro dias, em maio de 2015, na cidade de Toulouse. Várias atividades (*workshop*, *focus groups*, *crowdsourcing*) foram realizadas para compartilhar seus pontos de vista e percepções das mudanças climáticas. Obtivemos mais de vinte propostas que foram elaboradas, discutidas, alteradas pelos grupos de cada escola e, posteriormente, apresentadas em forma de "cadernos de queixas" aos organizadores da COP21 em Paris[21].

Essa iniciativa espalhou-se então por outros países (31 atualmente), sempre privilegiando o mesmo protocolo pedagógico e se baseando nas mesmas ferramentas metodológicas de participação.

Pudemos analisar o processo de conscientização climática e retraçar sua evolução desde o início do projeto, entre 2015 e 2019. As técnicas de *crowdsourcing* participativo permitiram o surgimento de uma relação clara entre um "despertar climático"[22] e a compreensão dos grandes princípios de conhecimentos do sistema clima, transmitido durante a fase de "alfabetização sobre as mudanças climáticas" (p. 51). Nesse contexto, a intervenção de pesquisadores de todas as disciplinas é crucial na formação do aluno. Também pudemos observar que as circunstâncias locais, contextualizadas na realidade, teriam uma incidência sobre as percepções dos alunos perante o aquecimento global como vários autores ressaltaram (BOEVE DE PAUW; DOUCHE; VAN PETEGEN, 2011; LIU; CONSTABLE, 2010). A partir dessa constatação dupla, os alunos interpretam a realidade, segundo a qual o aquecimento global seria caracterizado por múltiplas situações e impactos nas escalas global e local no espaço-tempo, ou seja, no presente imediato e no futuro próximo e longínquo.

---

21. Disponível em: www.globalyouthclimatepact.org.

22. Utilizamos essa noção em referência a *O despertar ecológico*, título de uma de nossas obras precedentes publicada em 2003 no Brasil e amplamente utilizada nas escolas.

Sem entrar em uma análise estritamente comparativa, vamos abordar a seguir uma leitura dos resultados de três pesquisas realizadas entre 2015 e 2019 que mostram a capacidade de reflexividade dos estudantes do Ensino Médio relativa aos desafios climáticos. Utilizamos a mesma metodologia colaborativa do *crowdsourcing* cívico, cujo objetivo é fazer com que os jovens interajam em tempo real, em um espaço virtual, que permite o compartilhamento e o intercâmbio de seus pontos de vista sobre projetos bem concretos.

Gráfico 1. O que você acha das mudanças climáticas? São importantes para você e sua família/seus amigos?

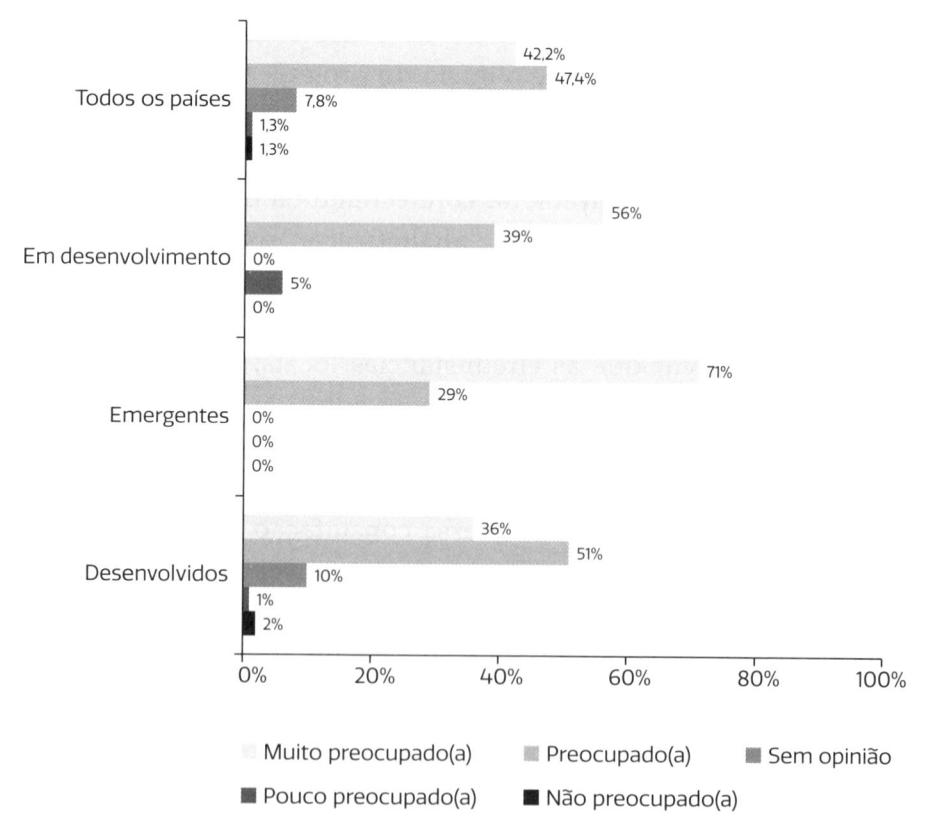

Fonte: GYCP, 2015. Disponível em: www.globalyouthclimatepact.org.

O Gráfico 1 corresponde a uma pesquisa feita com 600 jovens em 2015. Mais de 80% dos jovens se disseram preocupados com as mudanças climáticas, para eles e suas famílias, ou seja, uma proporção muito alta em relação aos clichês de uma juventude desinformada e pouco interessada pelos desafios climáticos (conferir a Introdução). Diferenciamos as respostas em função da origem dos jovens: países desenvolvidos (origem europeia), países emergentes (a China, a Índia, o Brasil, a Colômbia e o Chile) e países em desenvolvimento (Guiné, Burquina Fasso, o Líbano e o Nepal). Assim, disseram-se preocupados 87% dos jovens oriundos dos países desenvolvidos, 100% dos jovens dos países emergentes e 94% dos oriundos dos países em desenvolvimento. Logo, o nível de preocupação foi mais alto nos países emergentes e em desenvolvimento, e mais baixo nos países desenvolvidos. Eles interpretaram as mudanças climáticas como uma ameaça longínqua, bem longe de sua vida, tanto no espaço quanto no tempo. Podemos dizer que, naquela época (2015), os riscos ligados às mudanças climáticas, na mente das pessoas e, inclusive, dos jovens, eram vistos como não pessoais, que afetariam o futuro, outros lugares e outras espécies (plantas e animais, não os homens) (WOLF; MOSER, 2011).

O Gráfico 2 indica quais são os impactos das mudanças climáticas mais importantes para os jovens. Mais de um quinto das respostas (21%) falou do impacto sobre o ciclo das estações e sobre as temperaturas em nível local, com consequências sobre os recursos alimentares causando a diminuição das colheitas agrícolas. Na escala global, uma proporção similar de alunos considerou que no futuro iremos presenciar uma multiplicação de catástrofes naturais; eles se referiram tanto ao derretimento das geleiras quanto a uma série de eventos extremos repetidos: canículas, secas, tempestades, entre outros.

Aliás, no mesmo registro de compreensão, o laço entre mudanças climáticas e saúde, agora documentado por recentes catástrofes, foi escolhido por 16% dos alunos que participaram da pesquisa em 2017.

Eles consideraram que as mudanças climáticas tiveram um papel importante no surgimento de novas doenças. Segundo Guégan, "um número imenso de doenças infecciosas é influenciado pelas condições da luz solar, da temperatura ou da umidade das estações" (*Le Monde*, 14 de abril de 2019). Em um artigo recente, Ford *et al.* (2018, p. 129) afirmaram que as mudanças climáticas "foram identificadas como uma das maiores ameaças para a saúde desse século [...] os impactos na saúde vão ser desiguais". Entretanto, o efeito das mudanças climáticas nos riscos de epidemia é uma questão de enorme complexidade.

Gráfico 2. Quais serão os impactos das mudanças climáticas?

Fluxos migratórios para os países ricos — 2
Novas oportunidades de trabalho — 2
Redução da biodiversidade — 8
Afetam todo o planeta — 14
Também têm impacto sobre nós, sobre nossos filhos e sobre as gerações futuras — 16
Surgimento de novas doenças — 16
Multiplicação das catástrofes naturais, derretimento das geleiras, inundações — 21
Impacto sobre o ciclo das estações, sobre as temperaturas e sobre os recursos alimentares — 21

(eixo: 0 6 11 17 22)

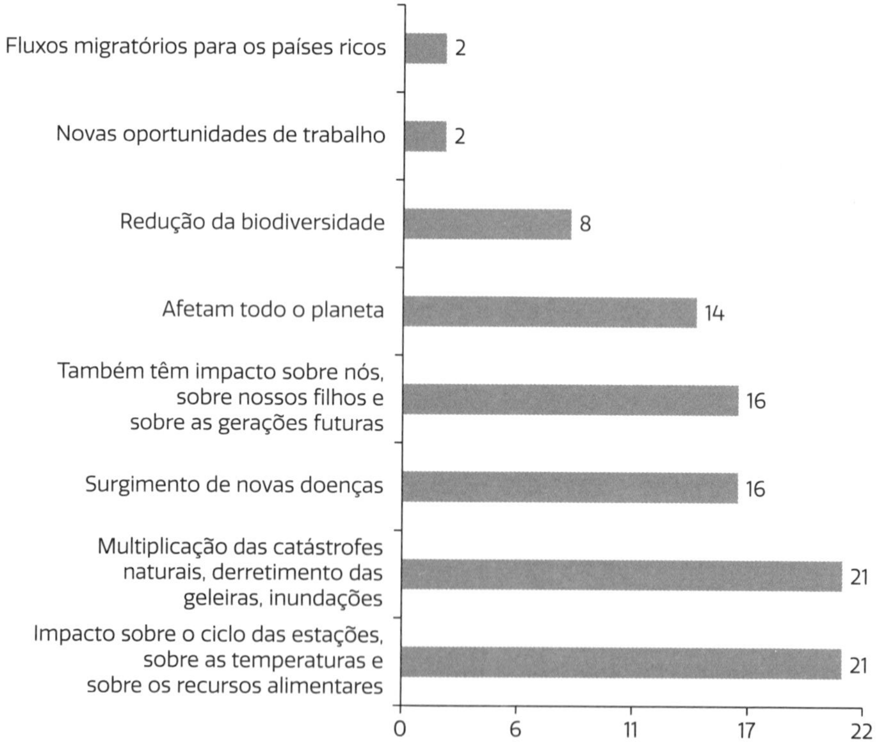

Fonte: Pesquisa realizada em setembro de 2017 (480 participantes de dez países) com a ajuda do método *crowdsourcing*-GYCP.

Essa mesma pesquisa levantou argumentos relativos ao tema geracional, temas que abordamos ao longo deste ensaio: 16% dos jovens acharam que o impacto climático terá efeitos na escala geracional, não tanto na relação intergeracional (adulto/jovem), mas sobretudo nas gerações futuras, ou seja, nas que virão depois dela.

Uma proporção menor de respostas (14%) mostrou uma concepção global dos efeitos das mudanças climáticas que afetarão o planeta inteiro. As transformações de nosso sistema Terra afetarão as atividades humanas. É interessante observar que os alunos fazem uma relação explícita entre os impactos do aquecimento global, a questão geracional e o futuro da biosfera. Entretanto, apenas 8% acharam que o impacto do aquecimento terá consequências sobre os recursos e é um risco para a biodiversidade. Essa pequena falta de consideração de dois desafios que fazem parte hoje de grande preocupação é surpreendente. Enfim, apenas 2% acharam que o evento climático é uma ameaça em termos de fluxos migratórios para os países ricos, enquanto a mesma proporção achou que os efeitos das mudanças climáticas oferecem uma oportunidade no campo do emprego.

O que aconteceu durante a COP25 de Madri em 2019? A questão do impacto das mudanças climáticas em seu modo de vida feita a trezentos jovens oriundos de oito países da Europa e da América Latina teve uma resposta bem clara.

Mais de 90% das respostas dos jovens oriundos da Europa e da América Latina concordaram com o fato de o aquecimento global ter consequências negativas, inclusive muito negativas. Existe uma convergência de opinião em relação à pesquisa de 2015. Guardadas as devidas proporções, as taxas de preocupação, muito preocupados ou preocupados, são idênticas em termos de porcentagem. Por outro lado, em 2019, ao contrário de 2015, o número de jovens europeus a acharem que os impactos são negativos é proporcionalmente maior que o dos jovens latino-americanos, 96,5% deles não veem mais os impactos como uma ameaça longínqua.

Gráfico 3. O que você acha do futuro impacto das mudanças climáticas em seu modo de vida?

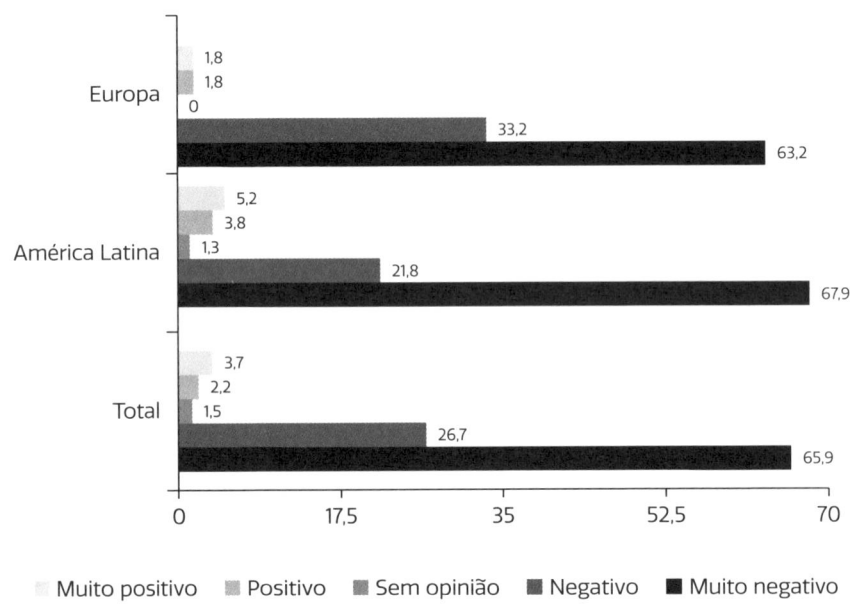

■ Muito positivo ■ Positivo ■ Sem opinião ■ Negativo ■ Muito negativo

Fonte: GYCP, 2019 (trezentos participantes de oito países) com a ajuda do método *crowdsourcing*-GYCP.

Se compararmos esses resultados com a pesquisa de 2017 sobre a percepção dos impactos, também entrevemos uma evolução.

De fato, entre as 918 mudanças de pontos de vista que suscitaram o maior interesse, 41,5% acham que os impactos extremamente negativos serão sentidos em termos de elevação do nível dos oceanos, de inundações e de desaparecimento de algumas cidades (Veneza) ou dos países insulares (Kiribati, Maldivas). Em 2017, a proporção do risco de catástrofes naturais era duas vezes menor (21%) e era igual à preocupação quanto ao impacto sobre o ciclo das estações. Também devemos ressaltar, em 2019, uma preocupação compartilhada por 15,4% quanto ao encadeamento de catástrofes. Nesse mesmo ano, a segunda preocupação por ordem de importância (24%) era relativa ao *deficit* de recursos hídricos, à desertificação e ao aumento do risco de escassez alimentar, um resultado similar ao de 2017 (ver gráfico 2). Uma proporção menor de mudanças de ponto de vista (18,9%) mostra uma preocupação quanto à redução da biodiversidade, mais do dobro que em 2017.

Aliás, quatro outros impactos negativos foram destacados pelos jovens, expressos em porcentagem em relação às 424 mudanças de opinião que suscitaram um interesse menor: 29,7%, o grande aumento da poluição das zonas urbanas; 27,1%, os problemas de migração humana, em particular, a questão ligada aos refugiados climáticos; 22,4%, o surgimento de problemas inesperados que não poderão ser resolvidos pelas limitações das ações locais; 20,7%, o aumento das temperaturas vai continuar em ritmo acelerado e será irreversível. Podemos observar nesses resultados, além de uma progressão espetacular da percepção do problema das migrações, a emergência de preocupações que refletem um melhor conhecimento das provas sobre as mudanças climáticas durante o programa Global Youth Climate Pact (GYCP), em particular a emergência da noção de incerteza.

CIÊNCIA, CONSCIÊNCIA E AÇÃO

Como pudemos constatar anteriormente, os jovens, graças a sua percepção, têm uma leitura múltipla das mudanças climáticas e estão percebendo que, por meio de uma boa compreensão de um bom conhecimento pelas provas, podem contribuir na transformação das condições objetivas — ambientais, ecológicas e políticas — causadas pelos efeitos do aquecimento global.

O que é interessante lembrar é a importância que os jovens dão hoje à origem da informação científica. Na pesquisa realizada em 2019 em Madri, perguntamos aos jovens quais eram suas opiniões em relação à ciência e aos cientistas. Observamos que 37,2% achavam

importante utilizar fontes confiáveis, 29,2% achavam importante
se informar com os cientistas. Aliás, os cientistas, por sua vez, em
particular os membros do IPCC, concordam que se tornou crucial
integrar a dimensão humana aos modelos climáticos que participam
nos diferentes cenários das mudanças climáticas. No fundo, o que
os cientistas querem dizer é que a compreensão, pelos indivíduos,
das mudanças climáticas é importante para problematizar e moldar
suas respostas, inclusive sua compreensão e seu apoio às políticas
que visam tratar o problema, bem como sua vontade de mudar os
comportamentos dos indivíduos.

Esse é o nosso desafio, fazer com que os próprios jovens possam
se apropriar dos desafios climáticos elaborando seus projetos de ação,
problematizando e contextualizando a realidade. Reunimos mais de
cinquenta projetos de experiências, todos elaborados no âmbito de
nosso programa em colaboração com os cientistas e implementados
em seus territórios. Aliás, a próxima etapa da progressão de nosso
programa é a análise das taxas de sucesso de todos os cinquenta
projetos. Mostraremos em seguida os impactos de alguns projetos.

A IMPLEMENTAÇÃO DOS MICROPROJETOS: "EU COMEÇO A AGIR..."

Como nos apoiamos em uma dinâmica "pedagógica" facilitada
pelo estabelecimento escolar, solicitamos a inteligência coletiva dos
jovens sugerindo uma implicação reflexiva e um engajamento consciente a partir da elaboração de projetos de ação e de experiência.
Nossa abordagem é oposta à de uma proposta pronta, já feita ("de
cima para baixo"), é o grupo de alunos que deve sugerir, depois de um
diagnóstico local ("de baixo para cima"), um projeto contextualizado
e problematizado em função da especificidade local. A questão não
é saber quais são nossas propostas para as regiões climaticamente

vulneráveis em que uma parte importante dos jovens socialmente desfavorecidos mora, mas quais são as "ações certas" que esses jovens podem nos sugerir para, depois, seguirmos em direção de questões muito mais precisas e, logo, mais úteis. Trata-se de uma verdadeira ruptura metodológica. O sociólogo e o antropólogo não devem se contentar em dizer para a instituição que eles devem educar a população sobre os efeitos das mudanças climáticas. Eles devem responder a questões precisas: como fazer com que os jovens aprendam alguns princípios do sistema climático de uma enorme complexidade? Como organizar o conhecimento e quais práticas pedagógicas permitem conseguir realizar isso? E para conseguir realizar isso, nossa profunda convicção é de que devemos promover outro método de ensino durante a aula.

A concepção de um projeto de experiência levanta um desafio: como problematizar e contextualizar um objeto a partir de minha realidade? Escolhemos alguns princípios gerais para avaliar a pertinência das propostas. A experiência deve fazer ressaltar a vulnerabilidade ambiental, ou seja, os danos potencialmente causados pelas mudanças climáticas, no lugar em que a experiência acontece. Essa vulnerabilidade pode variar segundo a comunidade humana e a especificidade de seu ecossistema, e suas características em termos de acasos e de problemas ambientais (BECERRA, 2012).

O sentimento de vulnerabilidade, como veremos por meio da experiência de uma escola de Ensino Médio no norte do Chile (Quadro 1), é sentido como um evento cada vez mais significativo, estando intrinsecamente ligado às consequências das mudanças climáticas. O que nos interessa aqui não é uma teorização da vulnerabilidade, noção polissêmica e multidimensional, inclusive controversa. O projeto visa desenvolver as interações entre a problemática ambiental e a comunidade. O outro aspecto que nos interessa não é apenas o impacto social (cf. Quadro 1) que a experiência pode ter dentro da comunidade, mas também os resultados obtidos que ela pode acarretar em termos de valor social.

Quadro 1. Características do projeto da escola de Ensino Médio de Azapa: "O se-questro de carbono em solos do Vale de Azapa, uma alternativa para a eficiência energética e para a adaptação às mudanças climáticas"

VULNERABILIDADE AMBIENTAL	IMPACTO SOCIAL
O Vale de Azapa, na região de Arica e de Parinacota, apresenta um cenário complexo devido à eliminação inadequada dos resíduos da atividade agrícola. Segundo os dados do INIA-URURI (Centro de Pesquisa Agropecuária do Deserto e Altiplano, região de Arica e Parinacota), 53% dos resíduos são jogados na beira das estradas, no leito do rio San José ou são queimados localmente. Isso representa uma utilização inadequada do recurso que resulta em um importante desperdício de matérias orgânicas e de nutrientes para o solo.	Esse projeto pode ter uma importância significativa em um meio ambiente em que 90% dos estudantes são adolescentes de origem Aimará (povo autóctone), cujos pais falam sua língua vernacular, sendo o espanhol sua segunda língua. Mais de 50% dos estudantes são de origem estrangeira, peruanos e bolivianos. Isso complica a fluidez de seus aprendizados, porque a maioria deles não recebe nenhuma ajuda em casa.

Outro aspecto dessa abordagem é apreender a resiliência ambiental e compreendê-la por meio de um projeto, como na experiência dos jovens nepaleses (Quadro 2). Nossa concepção da resiliência resulta essencialmente da experiência, ela não se limita ao meio ambiente, e também pode ser observada em relação à resiliência sociocultural, no sentido de "comunidade resiliente", como modo de ultrapassar as adversidades ambientais e climáticas (ALEXANDER, 2013). Outro aspecto importante a ser considerado é a dinâmica pedagógica (Quadro 3), que relata a experiência com os jovens guineanos, ou seja, a contribuição que esse projeto pode ter na lógica de transmissão de conhecimentos e na maneira como o grupo se organiza em termos de cooperação do ponto de vista da ação. Esse caso ilustra também a questão dos resultados da experiência (Quadro 3). Observamos de perto as razões pelas quais os resultados obtiveram ou não o sucesso esperado. Detalhamos os três exemplos a seguir para melhor ilustrar nosso ponto.

O exemplo anterior (Quadro 1) provém do projeto de uma escola técnica agrícola de Ensino Médio situada no Vale de Azapa, no norte do Chile, daí a importância da resiliência ambiental. Os ecossistemas são muito frágeis nessa região desértica, fragilidade amplificada pelas condições socioeconômicas com 90% dos jovens alunos oriundos de uma população autóctone (Aimará). Esse contexto ilustra claramente os aspectos virtuosos desse programa, em particular, o interesse em relação às comunidades "periféricas" no sentido global do termo, social, cultural e geograficamente. As diferenças entre elas e uma população mais urbana e mais "favorecida" vão aumentar ainda mais em razão dos efeitos do aquecimento global. Devido às características socioétnicas da população, o impacto social (Quadro 1) dessa experiência é muito significativo em todos os pontos de vista, por exemplo, pelos laços que esses estudantes podem tecer com outros jovens que permitirão sua "ascensão" social e cultural ao conectá-los ao mundo exterior.

O segundo exemplo (Quadro 2) permite-nos comparar duas experiências realizadas pelos jovens nepaleses de uma escola de Ensino Fundamental II de Katmandu e pelos jovens da escola de Ensino Médio de Azapa. O leitor pode estar se perguntando o que há de comum entre os jovens desses dois lugares geograficamente opostos, o norte do Chile (América do Sul) e a cidade de Katmandu, no Nepal (Ásia Central). À primeira vista, tudo os separa, a geografia, a língua, o contexto social, a cultura, entre outros exemplos, mas, para além dessas características, dois aspectos podem uni-los. O primeiro é o geográfico, todos vivem em periferias de regiões montanhosas e, logo, têm uma sensibilidade aos impactos devastadores que podem ser causados pelos eventos climáticos nos ecossistemas montanhosos. Eles compartilham a importância do aprendizado de uma resiliência, concordam sobre a fragilidade ecossistêmica de seu meio ambiente montanhoso.

Quadro 2. Gestão dos resíduos na cidade de Katmandu

RESILIÊNCIA AMBIENTAL	RESILIÊNCIA SOCIOCULTURAL
Os problemas de gestão dos resíduos são levantados devido à expansão urbana e à proliferação de favelas. As deficiências de uma política de gestão de coleta de lixo causam uma degradação da qualidade de vida, do bem-estar e da dignidade. A poluição do meio ambiente e a degradação ecológica do meio urbano são as duas consequências do descarte excessivo de resíduos na cidade, nos rios e a multiplicação de aterros não autorizados. Esses aterros são responsáveis pelas emissões de metano e, por conseguinte, pelos efeitos do aquecimento global.	"Aprender a viver com as mudanças climáticas e seus desastres inerentes" é, de certa maneira, o lema da resiliência dos jovens nepaleses. No que diz respeito à gestão dos resíduos, o objetivo é reduzir a quantidade de resíduos criados, recuperá-los e reciclá-los para eliminá-los de forma segura, tratando-os eficientemente. Essa abordagem visa uma conscientização de como isso deve ser feito de um ponto de vista sociocultural e induzir um sistema ecologicamente racional.

O segundo aspecto comum entre eles é a problematização de seus projetos. De fato, apesar de não se conhecerem, suas experiências coincidem em razão do interesse dado ao problema dos resíduos. Entretanto, os contextos não são os mesmos porque não se referem aos mesmos ambientes. A problematização dos jovens do Ensino Médio do Vale de Azapa se refere a um contexto rural, em que as condições ecossistêmicas são frágeis e levantam desafios em termos de melhoria dos solos, dos recursos, entre outros. Já para os jovens nepaleses de Katmandu, a questão dos resíduos causa graves problemas por sua proliferação e a sua gestão urbana. Para os jovens nepaleses, a proliferação dos resíduos no espaço urbano implica uma degradação da qualidade de vida (descartes em locais públicos), um impacto econômico que pode prejudicar a atividade turística da cidade por causa dos transtornos (visuais, olfativos, entre outros), enfim, uma poluição do meio ambiente e degradações ecológicas.

O princípio da resiliência sociocultural (Quadro 2) levanta precisamente a questão das capacidades de adaptação, mas ela não é levantada da mesma maneira para todas as comunidades. Para os nepaleses, o desenvolvimento de uma estratégia de gestão de resíduos e as medidas de ação social propostas vão no sentido da redução das consequências nefastas (BECERRA, 2012).

Enfim, o terceiro exemplo (Quadro 3) é a experiência dos jovens guineanos, que ilustra a dinâmica pedagógica. Ela se inscreve em um processo que implica os resultados da experiência, tanto em termos de metodologia de ensino-aprendizagem quanto em suas finalidades de transformação. O ato pedagógico não pode ser decretado, é essencial- mente o resultado da prática criativa apoiada na dinâmica do grupo. A dinâmica pedagógica é um conhecimento e uma habilidade adquiridos durante a experiência e a concebemos como um edifício de vários an- dares. No caso dos jovens guineanos, eles concebem a dinâmica peda- gógica como um processo de ensino-aprendizagem de transmissão de informações para uma melhor compreensão dos conceitos ligados aos desafios climáticos, inclusive, uma necessidade de formação.

Quadro 3. Encruzilhada clima — os jovens da República da Guiné

DINÂMICA PEDAGÓGICA	APRECIAÇÃO DA EXPERIÊNCIA
Iniciar os alunos na aquisição de conheci- mentos sobre os conceitos-chave e sobre os desafios climáticos planetários para que eles possam adquirir as informações neces- sárias para a preservação da biodiversidade. Reforçar as capacidades pedagógicas dos jovens sobre as medidas de adaptação, de atenuação e de resiliência na escala local por meio da formação, pedindo que transmitam as informações na escala local.	Os impactos causados pelas atividades antrópicas são listados e as soluções ade- quadas são apresentadas pelos jovens. Uma campanha de reflorestamento de 1 hectare no vilarejo gera nele um clima de limpeza, que implica ativamente a comunidade e as autoridades locais. Em paralelo, 1 hectare de área verde é criado, e um comitê de acom- panhamento e de manutenção é imple- mentado na comunidade em questão.

Em relação à apreciação da experiência (Quadro 3), quisemos tirar lições dessa experiência, apreender suas falhas, bem como seus sucessos em cada comunidade. Não é habitual no campo de uma pes- quisa-ação considerar a apreciação da experiência como um elemento importante, trata-se de entender os custos em termos de modalida- des, procedimentos, mobilização, transformações a serem feitas. Na concepção de nossa abordagem, a apreciação da experiência é uma exigência científica.

Antes de concluir com esses três exemplos, gostaríamos de fazer dois comentários. Na perspectiva de melhorar a pertinência de cada projeto de experiência, previmos um acompanhamento rigoroso com a ajuda de um protocolo científico para determinar melhor as consequências dos projetos com a comunidade. As questões a serem levadas em consideração são as seguintes: esse projeto de ação responde a qual necessidade levantada? Qual é seu público-alvo? Em que medida seus objetivos de transformação podem ser atingidos?

Nosso projeto evoluiu ao longo do tempo, de uma intervenção colaborativa com múltiplos atores, cientistas de todas as disciplinas, professores do Ensino Médio, alunos e atores políticos para experiências sólidas, baratas e rápidas. Essa abordagem experimental permite não apenas a avaliação dos discursos e das políticas de luta contra o aquecimento global, mas também a própria mudança do método para pesquisas no campo das ciências humanas.

QUAIS SÃO OS DESAFIOS RELATIVOS À CONSCIÊNCIA PLANETÁRIA?

Como indicamos ao longo deste ensaio, mais que os outros, os jovens adolescentes são diretamente interpelados pelos incidentes que irão sofrer em um futuro próximo e longínquo causados pelo aquecimento global. Sobretudo por essa razão, não querem "ser excluídos das discussões e das ações". Esses(as) estudantes querem assumir um papel ativo cuja origem é sua experiência pessoal. Eles(as) não querem apenas permanecer na posição de alunos, reclamam seu direito de ação política, fundado em seus conhecimentos sobre as mudanças climáticas, dos relatórios políticos e das estruturas sociais. Por essa razão, reclamam uma "democracia cognitiva" (MORIN, 2004) como condição para qualquer democracia participativa. O clima não é apenas um problema científico acompanhado pelos cientistas. O lugar dos jovens deve ser confortado nas futuras fases. O clima e seus diversos componentes não são apenas uma questão de educação, apesar de ela ser central e dever ser radical-mente revisitada. A questão climática deve ser agora "implementada na sociedade" e considerada como "O" problema das nações novamente reunidas. A crise climática destrói a ilusão de um crescimento permanente da produção em um mundo com recursos ilimitados.

O engajamento e a implicação em relação aos desafios climáticos foram, então, os temas que reunimos durante a Conferência Mundial sobre as Mudanças Climáticas (COP25). Dentro dos ateliês de discus-sões, os jovens identificaram os principais temas que se tornaram o objeto de suas reflexões durante cinco anos e as ações do programa para os próximos anos. O objetivo dos *workshops* foi poder elaborar uma estratégia comum a ser implementada em seus respectivos países. O resumo a seguir (Quadro 4) provém do relatório final relativo ao *workshop* sobre o tema educação. Nós o sintetizamos em quatro eixos: constatações, argumentos, propostas e futuros impactos[23]. Esse relatório revela então a visão intrínseca dos jovens relativa às suas propostas para a educação e a maturidade de seu raciocínio.

Quadro 4. Resultados do *workshop* educação

CONSTATAÇÕES	ARGUMENTOS
Um número imenso de cidadãos não tem conhecimentos práticos e teóricos para a criação de ações duráveis em suas comu-nidades, bem como em sua vida cotidiana. Os jovens criaram uma conscientização e proporcionaram uma notoriedade à crise do clima, mas ficaram decepcionados pela falta de respostas e de ações concretas (em um sistema educativo focado na competição). Isso sugere um fracasso.	A missão do programa é aconselhar as ins-tituições públicas e privadas na criação de um sistema educativo fundado na ecologia, dirigido por um comitê criativo no qual os projetos transversais resultarão em ações verdes em benefício da comunidade e da instituição.

---

23. O relatório final dos resultados de seis *workshops* está disponível em: www.globalyou-thclimatepact.eu.

PROPOSTAS	FUTUROS IMPACTOS
Criação de um programa com base em quatro pilares: **Meio ambiente**: melhorar o funcionamento do ecossistema. **Engajamento**: sensibilizar os jovens e promover a participação ativa em manifestações e em ações concretas. **Responsabilização**: cada participante vai ser beneficiado por um desenvolvimento pessoal e profissional, gerador de mudança. **Eficiência**: para inovar não é preciso ter uma grande quantia de recursos. Qualquer projeto é possível se os recursos forem bem geridos.	Prever a implementação de atividades ligadas ao meio ambiente e à durabilidade adaptadas à idade. Essas atividades devem ser acompanhadas e adaptadas ao contexto geopolítico e ao meio ambiente do país e/ou da região.

Fonte: Youth Conference on Climate Change, relatório. GYCP, 2019.

Enfim, agora gostaríamos de sugerir uma pista de reflexão cujo argumento é tomado na obra *Climate affairs* (2003). Vimos que nosso projeto é articulado em torno de três princípios fundamentais: o conhecimento reflexivo, o despertar da consciência e a importância da dimensão humana no sistema climático. Partimos da ideia geral de que a dimensão humana das mudanças climáticas deve ser repensada. Constatamos que essa dimensão, ou seja, a inclusão das atividades humanas nos programas de pesquisa sobre a geosfera-biosfera, está sendo timidamente reforçada e não é mais vista como uma reflexão retrospectiva pelos cientistas. Esse componente fundamental da compreensão das mudanças climáticas era raramente considerado durante a avaliação final. Entretanto, como vimos neste ensaio, a inclusão da dimensão humana, como fator bioantropossocial, se torna um fator preponderante, não podemos mais examinar a dimensão climática sem a dimensão humana e sem as outras dimensões (biológica, política, entre outras). Apesar de existirem modelos extremamente sofisticados de cenários do aquecimento global e meios tecnológicos cada vez mais precisos para sondar a Terra, ainda há um número importante de pessoas que ignoram ou que, simplesmente, querem ignorar as evidências do aquecimento global. De fato, existem várias maneiras para integrar uma dimensão humana na problematização climática. Algumas são do tipo tático, outras são estratégicas. No plano tático, podemos considerar a dimensão humana no clima quando ele influencia diretamente, de maneira visível e significante, as questões de mudanças da sociedade. Por outro lado, uma focalização estratégica nos desajustes climáticos provoca um excesso de interesse sobre a questão das mudanças climáticas a longo termo em detrimento da dimensão humana a um prazo mais curto. Entretanto, uma abordagem multidimensional, que englobe, ao mesmo tempo, as preocupações táticas e estratégicas no tempo e no espaço, integra a condição humana no problema global e complexo do aquecimento global. "Estamos em um mundo que enfrenta as dificuldades do pensamento global que são as mesmas que as do pensamento complexo" (MORIN, 2015, p. 128).

REFERÊNCIAS

ABRAM, David. *Comment la terre s'est tue*: pour une écologie des sens. Paris: Les Empêcheurs de Penser en Rond/La Découverte, 2013.

ADGER, Neil *et al*. Cultural dimensions of climate change impacts and adaptation. *Nature Climate Change*, London, v. 3, p. 112-117, 2013.

AGRE, Peter. The real climate debate. *Nature*, London, v. 550, p. 62-65, 2017.

ALEXANDER, David. Resilience and disaster risk reduction: an etymological journey. *Natural Hazards and Earth System Sciences*, Munich, v. 12, n. 11, p. 2.707-2.716, 2013.

ARDOINO, Jacques. *Les Avatars de l'éducation*: problématiques et notions en devenir. Paris: Presses Universitaires de France, 2000.

ATLAN, Henri. La probabilité confortée au temps. Les incertitudes, sous la direction Alfredo Pena-Vega. *Communications*, Oxford, v. 95, p. 41-48, 2014.

ATLAN, Henri. Le probable et l'Intemporel. *In*: THEODOROU, Spyros (dir.). *Lexique de l'incertain*. Marselha: Éditions Parenthèses, 2008. p. 83.

ATLAN, Henri. *Les Étincelles de hasard*: connaissance spermatique. Paris: Éditions du Seuil, 2003. t. 2.

AXELOS, Kostas. *Métamorphoses*. Paris: Les Éditions de Minuit, 1991.

AXELOS, Kostas. *Systématique ouverte*. Paris: Les Éditions de Minuit, 1984.

BALLANTYNE, Roy; FIEN, John; PACKER, Jan. Program effectiveness in facilitating intergenerational influence in environmental education: lessons from the Field. *Journal Environmental Education*, New York, v. 32, p. 8-15, 2001.

BANERJEE, Subhabrata Bobby. Corporate social responsibility: the good, the bad and the ugly. *Critical Sociology*, Sydney, v. 34, n. 1, p. 51-79, 2008.

BAPTESTE, Éric. *Tous entrelacés! Des gènes aux super-organismes*: les réseaux de l'évolution. Paris: Belin, 2017.

BARD, Edouard; FRANK, Martin. Climate change and solar variability: what's new under the sun? *Earth and Planetary Science Letters*, Amsterdam, v. 248, n. 1-2, p. 14, 2006.

BARNOSKY, Anthony D. *et al*. Approaching a state shift in Earth's biosphere. *Nature*, London, v. 486, n. 7.402, p. 52-58, 2012.

BAUMAN, Zygmunt. *La Solitudine del cittadino globale*. Milan: Universale Economica Feltrinelli, 2000.

BAUMAN, Zygmunt. *Retrotopia*. Paris: Premier Parallèle, 2019.

BECERRA, Sylvia. Vulnérabilité, risques et environnement: l'itinéraire chaotique d'un paradigme sociologique contemporain. *VertigO, Revue Élec-tronique en Sciences de L'Environnement*, Montreal, v. 12, n. 1, p. 1-27, 2012.

BERNSTEIN, Steven. Liberal environmentalism and global environmental governance. *Global Environmental Politics*, Cambridge, v. 2, n. 3, p. 1-16, 2002.

BERTHET, Vincent. *L'erreur est humaine*: aux frontières de la rationalité. Paris: CNRS Éditions, 2018.

BOEVE-DE PAUW, Jelle; DONCHE, Vincent; VAN PETEGEM, Peter. Ado-lescents environmental worldview and personality: an explorative study. *Journal of Environmental Psychology*, Amsterdam, v. 31, n. 2, p. 109-117, 2011.

BOUDET, Hilary *et al*. Effects of a behaviour change intervention for Girl Scouts on child and parent energy-saving behaviours. *Nature Energy*, London, v. 1, n. 8, p. 1-10, 2016.

BROECKER, Wallace S. Climatic Change: Are We on the Brink of a Pronounced Global Warming? *Science*, Washington, D.C., vol. 189, n. 4201, p. 460-463, 8 ago. 1975.

BROECKER, Wallace S. *et al*. Atmospheric Carbon Dioxide. In: THE WHITE HOUSE. *Restoring the quality of our environment*: report of the environmental pollution panel. Washington, D.C.: US Government Printing Office, 1965.

BRUNET, Michel. *Nous sommes tous des Africains*: à la recherche du premier homme. Paris: Odile Jacob, 2016.

BURGER, Joseph R. Modelling humanity's predicament. *Nature Sustainability*, London, v. 1, n. 1, p. 15-16, 2018.

BURGER, Joseph R.; WEINBERGER, Vanessa P.; MARQUET, Pablo A. Extra--metabolic energy use and the rise in human hyper-density. *Scientific Reports*, California, v. 7, n. 1, p. 1-5, 2017.

BUSCH, K. C.; ROMÁN, Diego. Fundamental climate literacy and the promise of the next generation science standards. *In*: SHEPARDSON, Daniel P.; ROYCHOUDHURY, Anita; HIRSCH, Andrew S. (éd.). *Teaching and learning about climate change*: a framework for educators. London: Routledge, 2017. p. 120-135.

CANADELL, Josep G. *et al.* The Global Carbon Budget. *WMO Statement on the State of the Global Climate 2017*. Geneva, n. 1.212, p. 10-33, 2018. Disponível em: https://library.wmo.int/doc_num.php?explnum_id=4453. Acesso em: abr. 2023.

CARLE, Jill. Climate change seen as top global threat Americans, Europeans, Middle Easterners focus on ISIS as greatest danger. *Pew Research Centre*, Washington, D.C., p. 1-17, 2015.

CARSON, Rachel. *Printemps silencieux*. Marselha: Éditions Wild-Project, 2009.

CARREL, Severin. Nasa scientist: climate change is a moral issue on a par with slavery. *The Guardian,* London, 2012. Disponível em: https://www.theguardian.com/environment/2012/apr/06/nasa-scientist-climate-change. Acesso em: abr. 2023.

CARRINGTON, Damian. Collapse of civilisation is a near certainty within decades. *The Guardian*, London, 2018. Disponível em: https://www.theguardian.com/cities/2018/mar/22/collapse-civilisation-near-certain-decades-population-bomb-paul-ehrlich. Acesso em: abr. 2023.

CASTREE, Noel *et al.* Changing the intellectual climate. *Nature Climate Change*, London, v. 4, n. 9, p. 763-768, 2014.

CHONÉ, Aurélie; HAJEK, Isabelle; HAMMAN, Philippe. *Guide des humanités environnementales*. Villeneuve-d'Ascq: Presses Universitaires du Septentrion, 2018. (Environnement et Société).

CIPLET, David; ROBERTS, Timmons. Climate change and the transition to neoliberal environmental governance. *Global Environment Change*, v. 46, p. 148-156, 2017.

CLIMATE SCIENCE SPECIAL REPORT. *Fourth National Climate Assessment*, Washington, v. I, 2017.

CRATE, Susan A. Anthropology in the era of contemporary climate change. *Anthropology*, Fairfax, n. 40, p. 175-194, 2011.

CRATE, A. Susan; NUTTALL, Mark. *Anthropology and climate change*: from encounters to actions. California: Left Coast Press, 2016.

CRUTZEN, Paul J. Anthropocene man. *Nature*, London, v. 467, n. 7.317, p. 10, 2010.

CRUTZEN, Paul J. Geology of mankind. *Nature*, London, v. 415, n. 6.867, p. 23, 2002.

D'ARCY, Wood Gillen. *L'année sans été*: Tambora 1816 — le volcan qui a changé le cours de l'histoire. Paris: La Découverte, 2016.

DARLING, Seth B.; SISTERSON, Douglas L. How to change minds about our changing climate. *The Experiment*, New York, LLC, 2014.

DAVIS-KEAN, Pamela E. The influence of parent education and family income on child achievement: the indirect role of parental expectations and the home environment. *Journal of Family, Psychology*, Washington, v. 19, n. 2, p. 294-304, 2005.

DE DUVE, Christian. *Poussière de vie*: une histoire du vivant. Paris: Fayard, 1996.

DE PAULA, Atani; GERALDES, Mauro. Holocene PB isotope evolution: the record of the anthropogenic activity in the last 6,000 years. *Terrae*, [*S. l.*], v. 1-2, p. 55-60, 2005.

DUNLAP, Riley *et al.* New trends in measuring environment attitudes: measuring endorsement of the new ecological paradigm: a revised NEP scale. *Journal of Social Issues*, New York, v. 56, n. 3, p. 425-442, 2000.

DUPUY, Jean Pierre. *L'avenir de l'économie*: sortir de l'économystification. Paris: Flammarion, 2012.

ECKSTEIN, David; KÜNZEL, Vera; SCHÄFER, Laura. Global Climate Risk Index 2018: Who suffers most from Extreme weather events? Weather-related loss events in 2016 and 1997 to 2016. *Germanwatch Nord-Sud*, Bonn, p. 37, 2018.

EDELMAN, Gerald M.; TONONI, Giulio. *Comment la matière devient conscience*. Paris: Odile Jacob, 2000.

ERNST, Julie; BLOOD, Nathaniel; BEERY, Thomas. Environmental action and student environmental leaders: exploring the influence of environmental attitudes, locus of control, and sense of personal responsibility. *Environmental Education Research*, Thames, v. 23, n. 2, p. 149-175, 2017.

FELLI, Romain. *La grande adaptation*: climat, capitalisme et catastrophe. Paris: Le Seuil, 2016.

FERRER, Catalina; ALLARD, Réal. La pédagogie de la conscientisation et de l'engagement: pour une éducation à la citoyenneté démocratique dans une perspective planétaire. *Éducation et Francophonie*, Québec, v. 30, n. 2, p. 66-94, 2002.

FISCHER, Hubertus *et al.* Paleoclimate constraints on the impact of 2°C anthropogenic warming and beyond. *Nature Geoscience*, London, v. 11, n. 7, p. 474-485, 2018.

FLORA, June A. *et al.* Evaluation of a national high school entertainment education program: the Alliance for Climate Education. *Climate Change*, Berlin, 127, p. 419-434, 2014.

FORD, James D. *et al.* Preparing for the health impacts of climate change in indigenous communities: the role of community-based adaptation. *Global Environment Change*, Amsterdam, v. 49, p. 129-139, 2018.

FRANKEL, Charles. *Extinctions*: du dinosaure à l'homme. Paris: Le Seuil, 2016.

FREIRE, Paulo. *Pédagogie des opprimés*. Paris: Petite Collection Maspero, 1968.

FUNTOWICZ, Silvio O.; RAVETZ, Jerome R. Science for the post-normal age. *Perspectives on Ecological Integrity*, Dordrech, p. 146-161, 1995.

FUSCO, Giovanni *et al.* Faire science avec l'incertitude: réflexions sur la production des connaissances en Sciences Humaines et Sociales. *3ème Table Ronde*, Nice, p. 1-27, 2014.

GARVEY, James. *The EPZ ethics of climate change*: right and wrong in a warming world. London: A&C Black, 2008.

GIDDENS, Anthony. *The politics of climate change national responses to the challenge of global warming*. London: Policy Network, 2009.

GIFFORD, Robert. The dragons of inaction: psychological barriers that limit climate change mitigation and adaptation. *American Psychologist*, Washington, D.C., v. 66, p. 290-302, 2011.

GILBERT, Claude. Retours d'expérience: le poids des contraintes. *Annales des Mines*, Chalerston, p. 9-26, 2001. Disponível em: www.annales.org/re/2001/re04-2001/gilbert09-24.pdf. Acesso em: abr. 2023.

GIORDAN, André. Les grandes régulations du corps humain. *In*: MORIN, Edgar; MORIN, François. *Relier les connaissances*: le défi du XXIe siècle. Paris: Le Seuil, 1999. p. 185-197.

GLANTZ, Michael. A political view of CO_2. *Nature*, London, v. 280, p. 289-290, 1979.

GLANTZ, Michael H. *Climate affair*: a primer. London: Island Press, 2003.

GLIMCHER, Paul. *Decisions, uncertainty, and the brain*: the science of neuro-economics. New York: The MIT Press, 2003.

GLOBAL WARMING OF 1.5°C. *The Intergovernmental Panel of Climate Change*, [*on-line*], 2018. Disponível em: https://www.ipcc.ch/sr15/. Acesso em: abr. 2023.

GOODLAND, Robert. The concept of environment sustainability. *Annual Review on Ecology, Evolution and Systematics*, California, v. 26, n. 1, p. 24, 1995.

GOULD, Stephen Jay. *Cette vision de la vie*: dernières réflexions sur l'histoire naturelle. Paris: Le Seuil, 2004.

GOULD, Stephen Jay. *La structure de la théorie de l'évolution*. Paris: Gallimard, 2006.

GRANDCOLAS, Philippe; PELLENS, Roseli. Changement climatique et crise de la biodiversité: la dangereuse alliance. *The Conversation*, Carlton, 2017. Disponível em: https://theconversation.com/changement-climatique-et-crise-de-la-biodiversite-la-dangereuse-alliance-83825. Acesso em: abr. 2023.

GRINEVALD, Jacques. *La biosphère de l'anthropocène*: climat et pétrole, la double menace — repères transdisciplinaires (1824-2007). Chêne-Bourg/ Genebra: Georg, 2007.

GLOBAL YOUTH CLIMATE PACT (GYCP). Disponível em: https://globalyouthclimatepact.eu/. Acesso em: 15 maio 2023.

HARARI, Yuval N. *Sapiens*: une brève histoire de l'humanité. Paris: Albin Michel, 2015.

HAUGE, Kjellrun Hiis; BARWELL, Richard. Post-normal science and mathematics education in uncertain times: educating future citizens for extended peer communities. *Future*, New York, v. 91, p. 25-34, 2017.

HENDERSON, Joseph; BIELER, Andrew; MCKENZIE, Marcia. Climate change and the Canadian higher education system: an institutional policy analysis. *Canadian Journal Higher Education*, Ontario, v. 47, n. 1, p. 1-26, 2017.

HESS, Gérald; BOURG, Dominique (dir.). *Science, conscience et environnement*: penser le monde complexe. Paris: Presses Universitaires de France, 2016.

HESSEL, Anne; JOUZEL, Jean; LARROUTUROU, Pierre. *Finance, climat. Réveillez-vous!* Barcelona: Indigene Éditions, 2018.

HESTNESS, Emily *et al.* A study of teacher candidates' experiences investigating global climate change within an elementary science methods course. *Journal of Science Teacher Education*, Otawa, v. 22, n. 4, p. 351-369, 2011.

HODSON, Richard; AGRE, Peter. The real climate debate. *Nature*, London, v. 550, n. 7.675, p. 62, 2017.

HUITRIC, Miriam *et al. Biodiversity, ecosystem services and resilience*: governance for a future with global changes (report). Tjärnö, 2009.

HUSTVEDT, Siri. *Les Mirages de la certitude*: essai sur la problématique corps/ esprit. Arles: Actes Sud., 2018.

JAMIESON, Dale. *Reason in a dark time*: why the struggle against climate change failed and what it means four our future. New York: Oxford University, 2014.

JAMIESON, Dale. Responsibility and climate change. *Global Justice*, Manchester, v. 8, n. 2, 2015.

JAMIESON, Dale; NADZAM, Bonnie. *Love in the Anthropocene*. New York: OR Books, 2014.

JONAS, Hans. *Pour une éthique du futur*. Paris: Rivages, 1998.

JONAS, Hans. *Une éthique pour la nature*. Paris: Desclée de Brouwer, 2000.

JOUZEL, Jean; LARROUTUROU, Pierre. *Pour éviter le chaos climatique et financier*. Paris: Odile Jacob, 2017.

JOUZEL, Jean; LORIUS, Claude; RAYNAUD, Dominique. *Planète blanche*: les glaces, le climat et l'environnement. Paris: Odile Jacob, 2008.

KARUNANITHI, Arunprakash T. *et al*. The characterization of socio-political instability, development and sustainability whit Fischer information. *Global Environment Change*, Amsterdam, v. 21, n. 1, p. 77-84, 2011.

KECK, Frédéric. Nous n'avons pas l'imaginaire pour comprendre ce qui nous arrive. *Philosophie Magazine*, Paris, n. 127, p. 1-2, 2020.

KENNEDY, John *et al*. Towards globally consistent national climate monitoring products. *World Meteorological Organization*, Geneva, n. 1.189, p. 23, 2017.

KLEIN, Naomi. *Tout peut changer*: capitalisme et changement climatique. Arles: Actes Sud., 2015.

KOHN, Eduardo. *Comment pensent les forêts*: vers une anthropologie au-delà de l'humain. Paris: Zone Sensibles, 2017.

KOLBERT, Elizabeth. *La 6ème extinction*: comment l'homme détruit la vie. Paris: La Librairie Vuibert, 2015.

KOLLMUSS, Anja; AGYEMAN, Julian. Mind the gap: why do people act environmentally and what are the barriers to pro-environmental behaviour? *Environmental Education Research*, Thames, v. 8, n. 3, p. 239-260, 2002.

KRINNER, Gerhard. La machine climatique. *Encyclopédie de l'Environnement*, [*S. l.*], p. 30-10, 2018.

KUTHE, Alina *et al*. How many young generations are there? A typology of teenagers' climate awareness in Germany and Austria. *The Journal of Environmental Education*, Thames, v. 50, n. 3, p. 172-182, 2019.

LATOUR, Bruno. *Face à Gaïa*: huit conférences sur le nouveau régime climatique. Paris: Les Empêcheurs de Penser en Rond/La Découverte, 2015.

LATOUR, Bruno. *Où atterrir?* Comment s'orienter en politique. Paris: La Découverte, 2017.

LAURENT, Eloi. Climat: L'environnement est la nouvelle frontière des inégalités. *Le Monde*, Paris, 2019. Disponível em: https://www.lemonde.fr/idees/article/2019/01/04/climat-2019-la-nouvelle-frontiere-des-inegalites_5404984_3232.html. Acesso em: abr. 2023.

LAWSON, Danielle F. *et al.* Intergenerational learning: are children key in spurring climate action? *Global Environment Change*, Amsterdam, v. 53, p. 204-208, 2018.

LEEMING, Frank *et al.* Effects of participation in class activities on children's environmental attitudes and knowledge. *The Journal of Environmental Education*, Thames, n. 28, p. 33-42, 1997.

LENTON, Timothy M. *et al.* Climate tipping points: too risky to bet against. *Nature*, London, v. 575, p. 592-595, 2019.

LEPPÄNEN, Jaana M. *et al.* Parent-child similarity in environmental attitudes: a pairwise comparison. *The Journal of Environmental Education*, Thames, v. 43, n. 3, p. 162-176, 2012.

LIU, Yunhua; CONSTABLE, Alicia. Earth charte, ESD and Chinese philosophies. *Journal of Education or Sustainable Development*, Los Angeles, v. 4, n. 2, p. 193-202, 2010.

LÓPEZ-CARR, David; MARTER-KENYON, Jessica. Human adaptation: manage climate-induced resettlement. *Nature,* London, v. 517, n. 7.534, p. 265-267, 2015.

LUBCHENCO, Jane. Entering the century of the environment: a new social contract for science. *Science*, Washington, D.C., v. 279, n. 5.350, p. 491-497, 1998.

MADDOX, Paul *et al.* The role of intergenerational influence in waste education programs: the Thaw project. *Waste Management*, Amsterdam, v. 31, n. 12, p. 2.590-2.600, 2011.

MALAURIE, Jean. *Terre Mère*. Paris: CNRS Éditions, 2008.

MALM, Andreas. *L'Anthropocène contre l'histoire*: le réchauffement climatique à l'ère du capital. Paris: La Fabrique Éditions, 2017.

MARCUSE, Herbert. *L'Homme unidimensionnel*. Paris: Les Éditions de Minuit, 1968.

MARKUS, Gabriel. *Pourquoi je ne suis pas mon cerveau*. Paris: JC Lattès, 2017.

MASLIN, Mark; AUSTIN, Patrick. Climate models at their limit? *Nature*, London, v. 486, n. 7.402, p. 183-184, 2012.

MATURANA, Humberto; D'AVILA YAÑEZ, Ximena. *El árbol del amor*. Santiago: MVP Editores, 2015.

MEADOWS, Donella H.; MEADOWS, Dennis L.; RANDERS, Jørgen. *Les limites à la croissance*: Dans un monde fini. Le rapport Meadows, 30 ans après. Paris: Rue de l'échiquier, 2012.

MICHEAU, Béatrice. Le changement climatique dans la presse magazine: expliquer la menace, impliquer les individus, prédire la catastrophe. *Communication & Langage*, Liège, n. 172, p. 27-51, 2012.

MICHELSEN, Gerd *et al.* Sustainability moves the younger generation. *Greenpeace Sustainability Barometer*, Hamburg, 2015.

MONTUORI, Alfonso. Créativité et complexité en temps de crise. *Communications*, Oxford, n. 95, p. 179-189, 2014.

MORAWSKA, Alina *et al.* Parental confidence and preferences for communicating with their child about sexuality. *Journal Sex Education*, Thame, v. 15, n. 3, p. 235-248, 2015.

MORIN, Edgar. *Connaissance, ignorance, mystère*. Paris: Fayard, 2017a.

MORIN, Edgar. *Dialogues sur la connaissance*: entretiens avec des lycéens conçus et animés par Alfredo Pena-Vega et Bernard Paillard. La Tour-d'Aigues: Éditions de l'Aube, 2002.

MORIN, Edgar. *Éthique*. Paris: Le Seuil, 2004. t. 6. (La Méthode).

MORIN, Edgar. *La Connaissance de la connaissance*. Paris: Le Seuil, 1986. t. 3. (La Méthode).

MORIN, Edgar. *La Voie*: pour l'avenir de l'humanité. Paris: Fayard, 2011.

MORIN, Edgar. *Le Temps est venu de changer de civilisation* (le dialogue avec Denis Lafay). La Tour-d'Aigues: Éditions de l'Aube, 2017b.

MORIN, Edgar. *Les Idées, leur habitat, leurs mœurs, leur organisation.* Paris: Le Seuil, 1991. t. 4. (La Méthode).

MORIN, Edgar. *Les Sept savoirs nécessaires à l'éducation du futur.* Paris: Le Seuil, 2000.

MORIN, Edgar. *L'Humanité de l'humanité*: L'identité humaine. Paris: Le Seuil, 2001. t. 5. (La Méthode).

MORIN, Edgar. *Penser global*: l'humain et son univers. Paris: Robert Laffont, 2015.

MORIN, Edgar; KERN, Anne Brigitte. *Terre-Patrie.* Paris: Le Seuil, 1993.

MOSCOVICI, Serge. *De la nature*: pour penser l'écologie. Paris: Éditions Métailié, 2002.

MOSS, Richard H. *et al.* The next generation of scenarios for climate change research and assessment. *Nature,* London, v. 463, n. 7.282, p. 747-756, 2010.

NERON, Pierre-Yves. Penser la justice climatique. *Éthique Publique,* Quebéc, v. 14, n. 1, 2012.

OJALA, Maria; BENGTSSON, Hans. Young people's coping strategies concerning climate change: relations to perceived communication with parents and friends and pro environmental behaviour. *Environment and Behavior,* California, v. 51, n. 8, p. 907-935, 2018.

OJALA, Maria; LAKEW, Yuliya. Young People and Climate Change Communication. *In*: *Oxford Research Encyclopedia of Climate Science.* Oxford: Oxford University Press, 2017. Disponível em: https://oxfordre.com/climatescience/display/10.1093/acrefore/9780190228620.001.0001/acrefore-9780190228620-e-408. Acesso em: 15 maio 2023.

PASSET, René. Les trois figures du hasard en économie. *Communications,* Oxford, n. 2, p. 51-63, 2014.

PENA-VEGA, Alfredo. À l'épreuve des incertitudes. *Communications,* Oxford, n. 95, p. 5-9, 2014.

PENA-VEGA, Alfredo. Dialoguer avec l'incertitude: quand le doute est une chose sûre et les connaissances incertaines. *Gazeta de Antropología*, La Rioja, v. 33, n. 2, p.1-10, 2018.

PERCY-SMITH, Barry; BURNS, Danny. Exploring the role of children and young people as agents of change in sustainable community development. *Journal Local Environment*, Thames, v. 18, p. 3.323-3.399, 2013.

PETRAGLIA, Izabel C. *et al.* Transformación, diálogos y lenguaje sobre el cambio climático. *Revista Electrónica de Investigación y Docencia*, Jaen, n. 4, p. 7-20, 2019.

PIGUET, Frédéric-Paul. Justice climatique et interdiction de nuire. *Globethics. net*, Geneva, p. 559, 2014.

PIM, Stuart L. *et al.* The biodiversity of species and their rates of extinction, distribution and protection. *Science*, Washington, D.C., v. 344, n. 6.187, p. 1.246.752, 2014.

POPKIN, Gabriel. Research in action. *Nature*, London, v. 551, p. 529-531, 2017.

RAHMSTORF, Stefan *et al.* The climate turning point. *Potsdam Institute for Climate Impact Research*, Potsdam, p. 1-23, 2020.

RAVEN, H. Peter *et al. Biologie*. Louvain-La-Neuve: De Boeck Supérieur, 2014.

RENAULT, Sophie; BOUTIGNY, Erwan. Crowdsourcing citoyen définition et enjeux pour les villes. *Politiques et Management Public*, v. 31, n. 2, 2014.

REVILL, Chloe; HARRIS, Victoria. *2020*: the climate turning point. London: Carbon Tracker, 2017. 29 p.

RICORDEL-PROGNON, Caroline; MEDARD, Thiry; QUESNEL, Florence. Les altérites: l'épiderme de la Terre. *Géosciences*, Berlin, n. 9, p. 56-63, 2009.

ROCKSTRÖM, Johan *et al.* A roadmap for rapid decarbonisation. *Science*, Washington, D.C., v. 355, n. 6.331, p. 1.269-1.271, 2017.

ROSIER, Florence. Les relations complexes entre climat et maladies infectieuses. *Le Monde*, Paris, 2019. Disponível em: https://www.lemonde.fr/planete/article/2019/04/13/les-relations-complexes-entre-climat-et-maladies-infectieuses_5449708_3244.html. Acesso em: abr. 2023.

RUDDIMAN, William. The Anthropocene. *Annual Review of Earth and Planetary Sciences*, California, v. 41, p. 45-68, 2013.

SALAZAR, Carlos Figueroa. Rapport Crowdsourcing II (2017). *Pacte Mondial des jeunes pour le climat*. Disponível em: www.globalyouthclimatepact.org. Acesso em: 25 abr. 2023.

SCHEFFER, Marten *et al.* Early-warning signals for critical transitions. *Nature*, London, v. 461, n. 7.260, p. 53-59, 2009.

SCHRAMSKI, John R.; GATTIE, David. K.; BROWN, James H. Human domination of the biosphere: rapid discharge of the earthspace battery foretells the future of humankind. *Proceeding of the National Academy of Sciences*, Washington, D.C., v. 112, n. 31, p. 9.511-9.517, 2015.

SCHULTZ, Lisen *et al.* Learning to live with social-ecological of learning in 11 Unesco Biosphere Reserves. *Global Environmental Change*, Amsterdam, v. 50, p. 75-87, 2018.

SEARLE, John R. *La redécouverte de l'esprit*. Trad. de l'anglais (États-Unis) par Claudine Tiercelin. Paris: Gallimard, 1995.

SERVIGNE, Pablo; STEVENS, Raphael. *Comment tout peut s'effondrer*. Paris: Le Seuil, 2015.

SÉVELLEC, Florian; DRIJFHOUT, Sybren S. A novel probabilistic forecast system predicting anomalously warm 2018-2022 reinforcing the long-term global warming trend. *Nature Communications*, Oxford, v. 9, n. 1, p. 1-12, 2018.

SHEA, Nicole A.; MOUZA, Chrystalla; DREWES, Adrea. Climate change professional development: design, implementation, and initial outcomes on teacher learning, practice, and student beliefs. *Journal of Science Teacher Education*, Otawa, v. 27, n. 3, p. 235-258, 2016.

SMITH, Matthew R.; MYERS, Samuel S. Impact of anthropogenic CO_2 emissions global human nutrition. *Nature Climate Change*, London, v. 8, p. 834-839, 2018.

SOLOMON, Sheldon *et al. Climate change*: the physical science basis. Cambridge: Cambridge University Press, 2007.

SOUSTRE, Robert Conscience. *L'inconditionné de toute croyance et de tout savoir*. Saint-Ouen: Les Éditions du Net, 2016. p. 83.

SPERBER, Dan. *Contre certains a priori anthropologiques*: l'unité de l'homme — invariants biologiques et universaux culturels (sous la direction de Edgar Morin et Massimo Piatetelli-Palmarini). Paris: Le Seuil, 1974. p. 829.

SPYROS, Théodorou (dir.). *Lexiques de l'incertain*. Lyon: Éditions Parenthèses, 2008.

STATEMENT ON THE STATE OF THE GLOBAL CLIMATE 2016. *World Meteorological Organization*, Geneva, n. 1.189, p. 1-23, 2017.

STATEMENT ON THE STATE OF THE GLOBAL CLIMATE 2017. *World Meteorological Organization*, Geneva, n. 1.212, p. 1-35, 2018.

STATEMENT ON THE STATE OF THE GLOBAL CLIMATE 2018. *World Meteorological Organization*, Geneva, n. 1.233, p. 1-33, 2019.

STEFFEN, Will *et al.* Stages of the Anthropocene: assessing the human impact on the earth system. *AGU Fall Meeting Abstract*, San Francisco, p. GC22B-01, 2008.

STEFFEN, Will *et al.* Trajectories of the earth system in the Anthropocene. *Proceeding of the National Academy of Sciences*, Washington, D.C., v. 115, n. 33, p. 8.252-8.259, 2018.

STEVENSON, Kathryn T.; PETERSON, M. Nils; BRADSHAW, Amy. How climate change beliefs among U.S. teachers do and do not translate to students. *PloS One*, Stanford, v. 11, n. 9, p. 1-11, 2016.

STOKNES, Per Espen; ROCKSTRÖM, Johan. Redefining green growth within planetary boundaries. *Energy Research & Social Science*, Amsterdam, v. 44, p. 41-49, 2018.

SUTHERLAND, David S.; HAM, Sam H. Child-to-parent transfer of environmental ideology in Costa Rican families: an ethnographic case study. *The Journal of Environmental Education*, Thames, v. 23, p. 9-16, 1992.

SVIHLA, Vanessa; LINN, Marcia. A design-based approach to fostering understanding of global climate change. *International Journal of Science Education*, Berlin, v. 34, n. 5, p. 651-676, 2012.

TALEB, Nicholas. *Les bienfaits du désordre*. Paris: Les Belles Lettres, 2013.

TARSHA, Eason *et al.* Managing for resilience an information theory-based approach to assessing ecosystems. *Journal of Applied Ecology*, Malden, v. 53, p. 656-665, 2016.

THE GLOBAL RISKS REPORT 2017. 13. ed. Geneva: World Economic Forum, 2017. Disponível em: https://www3.weforum.org/docs/WEF_GRR18_Report.pdf. Acesso em: abr. 2023.

THE GLOBAL RISKS REPORT 2020. 15. ed. Geneva: World Economic Forum, 2020. Disponível em: https://www.weforum.org/reports/the-global-risks--report-2020/. Acesso em: 15 maio 2023.

THIEBLEMONT, Denis *et al.* Variations récentes du climat et géologie. *Géoscience*, Basel, n. 3, p. 1-15, 2015.

TOLPPANEN, Sakari; AKSELA, Maija. Identifying and addressing students' questions on climate change. *The Journal of Environment Education*, Thames, v. 49, n. 5, p. 375-398, 2018.

TONN, Bruce E. Philosophical, institutional, and decision-making frameworks for meeting obligations to future generations. *Future*, New York, v. 95, p. 44-57, 2017.

TRENBERTH, Kevin E.; FASULLO, John T.; BALMASEDA, Magdalena A. Earth's Energy Imbalance. *Journal of Climate*, Boston, v. 27, n. 9, p. 3.129-3.144, 2014.

USGCRP – U.S. Global Change Research Program. *Climate Science Special Report*: Fourth National Climate Assessment. Volume I. Washington, D.C.. Disponível em: https://science2017.globalchange.gov/. Acesso em: 15 maio 2023.

VALDEZ, Rene X.; PETERSON, M. Nils; STEVENSON, Kathryn T. How communication with teachers, family and friends contributes to predicting climate change behaviour among adolescents. *Environment Conservation*, Cambridge, v. 45, n. 2, p. 183-191, 2018.

VANCE, Leisha *et al.* Toward a leading indicator of catastrophic shifts in complex systems: assessing changing conditions in nation states. *Heliyon*, Cambridge, v. 3, n. 12, p. 1-29, 2017.

VERNADSKY, Wladimir. *La Biosphère*. Paris: Diderot Éditeur, 1997. (Arts et Science).

VIRILIO, Paul. *Le grand accélérateur*. Paris: Éditions Galilée, 2010.

VIRILIO, Paul *et al. Terre natale*: ailleurs comme ici. Arles: Actes Sud/Fondation Cartier, 2009.

VOLK, Tyler. *CO$_2$ rising*: the world's greatest environmental challenge. New York: The MIT Press, 2008.

VON WERLHOF, Claudia. The globalization of neoliberalism, its consequences, and some of these basic alternatives. *Capitalism Nature Socialism*, Oxfordshire, v. 19, n. 3, p. 94-117, 2008.

WALLACE-WELL, David. *La Terre inhabitable*: vivre avec 4°C de plus. Paris: Robert Laffont, 2019.

WATERS, Colin N. *et al.* The Anthropocene is functionally and stratigraphically distinct from the Holocene. *Science,* Washington, D.C., v. 351, n. 6.269, p. 137-147, 2016.

WEINBERGER, Vanessa P.; QUIÑINAO, Cristóbal; MARQUET, Pablo A. Innovation and the growth of human population. *Philosophical Transactions of the Royal Society*, London, v. 372, n. 1.735, p. 20.160.415, 2017.

WELCOME TO THE ANTHROPOCENE. *The Economist*, London, 2011. The Geology Of The Planet. Disponível em: https://www.economist.com/leaders/2011/05/26/welcome-to-the-anthropocene. Acesso em: abr. 2023.

WESTBROEK, Peter. *Vive la Terre*: physiologie d'une planète. Paris: Le Seuil, 1998.

WILLIAMS, Sara; MCEWEN, Lindsey; QUINN, Nevil. As the climate changes: intergenerational action-based learning in relation to flood education. *The Journal of Environmental Education*, Thames, v. 48, n. 3, p. 154-171, 2017.

WOLF, Johanna; MOSER, Susanne C. Individual understandings, perceptions, and engagement with climate change: insights from in-depth studies across the world. *Wiley interdisciplinary Reviews*, New Jersey, v. 2, n. 4, p. 547-569, 2011.

WORLD COMMISSION ON THE ETHICS OF SCIENTIFIC KNOWLEDGE AND TECHNOLOGY. *Les implications éthiques du changement climatique.* Paris, 2010. 41 p.

WUEBBLES, Donald J. *et al.* (ed.). *Climate Science Special Report*. Washington, D.C.: U.S. Global Change Research Program, 2017. v. 1, 477 p.

ZALASIEWICZ, Jan *et al.* Are we now living in the Anthropocene? *GSA Today*, Colorado, v. 18, n. 2, p. 4, 2008.

O SETE SABERES NECESSÁRIOS À EDUCAÇÃO DO FUTURO

Edgar Morin

104 páginas
16 x 23 cm
ISBN 978-85-249-1754-7

Os Sete Saberes indispensáveis enunciados por Morin lançam um desafio a todos(a) os(as) pensadores(as) empenhados(as) em repensar os rumos que as instituições educacionais terão de assumir se desejamos garantir novos futuros para as crianças e adolescentes.

Uma educação do futuro exige um esforço transdisciplinar, capaz de romper a oposição natureza/cultura e a fragmentação do conhecimento que nosso modo de viver ocasiona.

Uma educação do futuro deve centrar-se na condição humana, conduzindo o homem a encontro consigo mesmo, em todas as suas dimensões. Nas palavras de Morin, "conhecer o humano é, antes de tudo, situá-lo no universo, e não separá-lo dele".

Edição revisada, lançada pela Cortez Editora em parceria com a UNESCO, *Os sete saberes necessários à Educação do futuro* mantém-se uma leitura indispensável e atual.